Thi Minh Phuong Hoang

Optimisation des temps de calculs pour des applications ferroviaires

Thi Minh Phuong Hoang

Optimisation des temps de calculs pour des applications ferroviaires

Domaine : Simulation numérique par Eléments Discrets

Presses Académiques Francophones

Impressum / Mentions légales
Bibliografische Information der Deutschen Nationalbibliothek: Die Deutsche Nationalbibliothek verzeichnet diese Publikation in der Deutschen Nationalbibliografie; detaillierte bibliografische Daten sind im Internet über http://dnb.d-nb.de abrufbar.
Alle in diesem Buch genannten Marken und Produktnamen unterliegen warenzeichen-, marken- oder patentrechtlichem Schutz bzw. sind Warenzeichen oder eingetragene Warenzeichen der jeweiligen Inhaber. Die Wiedergabe von Marken, Produktnamen, Gebrauchsnamen, Handelsnamen, Warenbezeichnungen u.s.w. in diesem Werk berechtigt auch ohne besondere Kennzeichnung nicht zu der Annahme, dass solche Namen im Sinne der Warenzeichen- und Markenschutzgesetzgebung als frei zu betrachten wären und daher von jedermann benutzt werden dürften.

Information bibliographique publiée par la Deutsche Nationalbibliothek: La Deutsche Nationalbibliothek inscrit cette publication à la Deutsche Nationalbibliografie; des données bibliographiques détaillées sont disponibles sur internet à l'adresse http://dnb.d-nb.de.
Toutes marques et noms de produits mentionnés dans ce livre demeurent sous la protection des marques, des marques déposées et des brevets, et sont des marques ou des marques déposées de leurs détenteurs respectifs. L'utilisation des marques, noms de produits, noms communs, noms commerciaux, descriptions de produits, etc, même sans qu'ils soient mentionnés de façon particulière dans ce livre ne signifie en aucune façon que ces noms peuvent être utilisés sans restriction à l'égard de la législation pour la protection des marques et des marques déposées et pourraient donc être utilisés par quiconque.

Coverbild / Photo de couverture: www.ingimage.com

Verlag / Editeur:
Presses Académiques Francophones
ist ein Imprint der / est une marque déposée de
OmniScriptum GmbH & Co. KG
Heinrich-Böcking-Str. 6-8, 66121 Saarbrücken, Deutschland / Allemagne
Email: info@presses-academiques.com

Herstellung: siehe letzte Seite /
Impression: voir la dernière page
ISBN: 978-3-8381-4861-8

Zugl. / Agréé par: Montpellier, Université de Montpellier 2, 2012

Copyright / Droit d'auteur © 2014 OmniScriptum GmbH & Co. KG
Alle Rechte vorbehalten. / Tous droits réservés. Saarbrücken 2014

Remerciements

Le temps passe très vite. Maintenant, c'est la fin et j'écris ces mots sincèrement, avec mon cœur pour remercier tous les gens qui m'ont aidé durant les trois années de doctorat.

Je m'adresse avant tout à mon copain, une personne qui est toujours là pour moi, toujours présent au moment où j'ai besoin de lui. Avec son amour, sa douceur, son intelligence, il m'encourage et m'accompagne sur notre chemin. Un homme pour qui les mots ne suffisent pas à décrire ses qualités. Merci pour ton soutien dans tout ce que je fais, même si parfois, ce sont des erreurs. Tu es pour toujours l'homme de ma vie !

A ma famille !

Ma profonde gratitude s'adresse à vous... Un irremplaçable et inconditionnel soutien qui n'a jamais cessé malgré une grande distance !

A mes directeurs de thèse !

Messieurs David Dureisseix et Pierre Alart, ce fut une chance pour moi d'avoir deux professeurs si compétents, si humains et si méthodiques dans vos conseils. Parfois, j'ai le sentiment de ne pas mériter d'être votre élève. Je regrette de ne pas pouvoir continuer à travailler avec vous. David, vous êtes passionné par votre travail, Pierre, vous êtes plein d'humour, dynamique et très sportif (jouer au ping-pong avec vos étudiants, être partout à la fois pour piloter la conférence). Je garderai beaucoup de bons souvenirs de cette période de travail. Merci encore pour votre disponibilité, votre aide et votre gentillesse.

A mon tuteur !

Je tiens à remercier Gilles Saussine qui m'a encadré tout au long de ce travail. Grâce à ton appui et tes critiques rigoureuses, tu m'as apporté le soutien dont j'avais besoin dans les premiers temps. Nul doute que sans toi, cette thèse n'aurait jamais abouti dans les délais, et ne serait pas de cette qualité.

Aux membres du jury !

Je remercie Monsieur Laurent Champaney d'avoir accepté d'être président du jury, ainsi que Messieurs Mikaël Barboteu et Jérôme Fortin pour avoir rapporté sur mon travail de thèse. Je remercie également à Monsieur Mathieu Renouf pour ses conseils techniques. Je vous suis reconnaissante d'avoir consacré du temps à la lecture de mon manuscrit et d'avoir apporté des remarques constructives.

A mes collègues !

J'adresse des remerciements particuliers à Robert Perales qui m'a beaucoup aidé tout au long de ma thèse, qui m'a encouragé lorsque j'avais des soucis et des difficultés. J'apprécie énormément

REMERCIEMENTS

son aide, ses conseils ainsi que ses qualités humaines.

J'exprime également mes chaleureux remerciements à tous mes amis au sein de la Direction de l'Innovation et de la Recherche de la SNCF. Avec eux, j'ai partagé des moments de joie, de tristesse, de détente, de loisirs et de discussions sur une grande variété de sujets. Merci à Florent pour ses cours de français (racaille, ...), de cinéma et également de musique. Merci à Sonkë pour sa bonne humeur et sa pontualité toute germanique. Merci à Carlos pour son amitié, à Olivier pour ses connaissances grammaticales minutieuses et pour son post-traitement des images. Ceci dit, merci aussi à Andréa pour ses délicieux gâteaux au chocolat. Merci à Pierre-Emile pour ses discussions toujours enflammées, à Vinicius pour sa gentilesses, à Lounes pour son caractère aimable et à Baldrik pour ses encouragements et ses jolis commentaires sur mon pays.

Merci également à mes anciens collègues : Virginie, Noureddine, Vincent, Jérôme.

Je tiens enfin à remercier les personnes de l'équipe PFC : Sofia, Charles, Franck, Estelle, Florence, Si Hai, Christine, Xavier et Mac Lan pour leur soutien ainsi que leurs remarques précieuses pendant la pré-soutenance.

J'ai aussi une pensée pour les autres collègues, les secrétaires, les chercheurs,... La liste est vraiment longue mais je garderai de bons souvenirs de tous et je les remercie pour la bonne ambiance.

Résumé.

La dégradation géométrique de la voie ballastée sous circulation commerciale nécessite des opérations de maintenance fréquentes et onéreuses. La caractérisation du comportement des procédés de maintenance comme le bourrage, la stabilisation dynamique, est nécessaire pour proposer des améliorations en terme de méthode, paramétrage pour augmenter la pérennité des travaux. La simulation numérique d'une portion de voie soumise à un bourrage ou une stabilisation dynamique permet de comprendre les phénomènes physiques mis en jeu dans le ballast. Toutefois, la complexité numérique de ce problème concernant l'étude de systèmes à très grand nombre de grains et en temps de sollicitation long, demande donc une attention particulière pour une résolution à moindre coût. L'objectif de cette thèse est de développer un outil de calcul numérique performant qui permet de réaliser des calculs dédiés à ce grand problème granulaire moins consommateur en temps. La méthodologie utilisée ici se base sur l'approche Non Smooth Contact Dynamics (NSCD) avec une discrétisation par Éléments Discrets (DEM). Dans ce cadre, une méthode de décomposition de domaine (DDM) alliée à une parallélisation adaptée en environnement à mémoire partagée utilisant OpenMP sont appliquées pour améliorer l'efficacité de la simulation numérique.

Mots clés.

Ballast, maintenance, simulation numérique, méthode par éléments discrets (DEM), Non Smooth Contact Dynamics (NSCD), Non Linear Gauss-Seidel (NLGS), temps de calcul, Décomposition de domaine (DDM), Calcul parallèle (OpenMP)

Abstract.

The track deterioration rate is strongly influenced by the ballast behaviour under commercial traffic. In order to restore the initial track geometry, different maintenance processes are performed, like tamping, dynamic stabilisation. A better understanding of the ballast behaviour under these operations on a portion of railway track is a key to optimize the process, to limit degradation and to propose some concept for a better homogeneous compaction. The numerical simulation is developed here to investigate the mechanical behaviour of ballast. However, the main difficulties of this research action concerns the size of the granular system simulation increasing both in term of number of grains and of process duration. The purpose of this thesis is to develop an efficient numerical tool allows to realize faster computations devoted to large-scale granular samples. In this framework, the Non-Smooth Contact Dynamics (NSCD) of three-dimensional Discrete Element Method (DEM) simulations, improved by Domain Decomposition Method (DDM) and processed with the Shared Memory parallel technique (using OpenMP) has been applied to study the ballast media mechanics.

Keywords.

Railway ballast, maintenance process, numerical simulation, Discrete Element Method (DEM), Non Smooth Contact Dynamics (NSCD), Non Linear Gauss-Seidel (NLGS), computation time, Domain Decomposition Method (DDM), Parallel Computation (OpenMP)

Table des matières

Remerciements	3
Résumé de thèse	5
Table des matières	7
Introduction générale	11

I Contexte général — 15

1 Contexte industriel — 17
- 1.1 Structure d'une voie ballastée 18
- 1.2 Le ballast 19
- 1.3 Les défauts de voie 20
- 1.4 Description des opérations de maintenance 23
  - 1.4.1 Le bourrage 23
  - 1.4.2 La stabilisation dynamique 28
- 1.5 Motivation industrielle 29

2 Approches numériques — 31
- 2.1 Éléments discrets pour les études ferroviaires 32
  - 2.1.1 Méthodes "Régulières" (Smooth Methods) 32
  - 2.1.2 Méthodes "Non Régulières" (NonSmooth Methods) 38
  - 2.1.3 Bilan 40
- 2.2 Stratégies numériques pour les problèmes de grande taille 43
  - 2.2.1 Méthodes de décomposition de domaine 43
  - 2.2.2 Parallélisation 49
- 2.3 Choix d'une stratégie 51

II Dynamique non régulière et sous structuration — 53

3 Dynamique granulaire — 55
- 3.1 Formulation (NSCD) 56
  - 3.1.1 Équation de la dynamique 56
  - 3.1.2 Lois de contact frottant 58
  - 3.1.3 Problème de référence 60
- 3.2 Résolution (NLGS) 60
  - 3.2.1 Principe algorithmique 60
  - 3.2.2 Implémentation numérique 61
  - 3.2.3 Bilan 64
- 3.3 Critères de convergence 64
- 3.4 Conclusion 66

4 Décomposition de domaine — 67
- 4.1 Sous structurations primale / duale 68
  - 4.1.1 Principe de partitionnement géométrique 68
  - 4.1.2 Principe de partitionnement algébrique 69
- 4.2 Solveur DDM-NLGS 72

5 Parallélisation — 75
- 5.1 OpenMP versus MPI ? 76
  - 5.1.1 Principe 76
  - 5.1.2 Critères d'évaluation de la performance parallèle 77
- 5.2 Solveur DDM-NLGS-OpenMP 79

III Paramètres de contrôle et validations — 81

6 Convergence versus contrôle ? — 83
- 6.1 Non pertinence des critères de convergence 84
  - 6.1.1 Problème test "Stabilisation0.34" 84
  - 6.1.2 Convergence ? 86
  - 6.1.3 Bilan 88
- 6.2 Contrôle de la qualité du calcul 88
  - 6.2.1 Indicateur numérique : interpénétration 89
  - 6.2.2 Indicateurs mécaniques 89
- 6.3 Pertinence des indicateurs 91
  - 6.3.1 Instrumentation numérique du problème "Stabilisation4.98" 91
  - 6.3.2 Comportement des zones ballastées dans l'optique des indicateurs 94
  - 6.3.3 Bilan 97
- 6.4 Conclusion 97

TABLE DES MATIÈRES

7 Validation du solveur DDM-NLGS   **99**
7.1 Problème test "Stabilisation0.02" 100
7.2 Optimisation des paramètres numériques n, m et n_{DDM} 102
7.3 Influence du nombre de sous-domaines n_{SD} 105
7.4 Conclusion 108

8 Validation du solveur DDM-NLGS-OpenMP   **109**
8.1 Test académique 110
     8.1.1 Configuration géométrique et paramètres numériques 110
     8.1.2 Temps de calcul et performance parallèle 111
     8.1.3 Bilan 115
8.2 Test ferroviaire élémentaire "Bourrage1B1C" 115
     8.2.1 Configuration géométrique et paramètres numériques 116
     8.2.2 Temps de calcul et performance parallèle 117
     8.2.3 Comportement mécanique du ballast 118
     8.2.4 Bilan 121
8.3 Conclusion 122

IV Exploitation sur applications ferroviaires   123

9 Bourrage monocycle "Bourrage7B1C"   **125**
9.1 Configuration géométrique et paramètres numériques 126
9.2 Comportement mécanique du ballast 127
9.3 Temps et performance de calcul 130
9.4 Bilan 133

10 Tentatives de calcul adaptatif en dynamique ferroviaire   **135**
10.1 Adaptation de la charge de calcul par sous-domaines 136
     10.1.1 Problème test "Enfoncement7B" 136
     10.1.2 Analyse des résultats 137
     10.1.3 Bilan 142
10.2 Taille optimale du pas de temps 142
     10.2.1 Problème test "Bourrage1B1C" 143
     10.2.2 Analyse des résultats 143
10.3 Prédiction de l'interpénétration cumulée : formule Y 149
     10.3.1 Tests numériques 149
     10.3.2 Analyse des bases de données de résultats numériques 150
     10.3.3 Bilan 156
10.4 Algorithme asynchrone 158
     10.4.1 Principe et algorithme asynchrone 159
     10.4.2 Cadre d'étude "Bourrage1B1C" 160

TABLE DES MATIÈRES

  10.4.3 Résultats 161
  10.4.4 Bilan 164
 10.5 100 % parallèle ? 164

Conclusions et Perspectives **167**

Annexe **173**

A Préparation de l'échantillon **175**

B Bourrage successif **179**

C Plate-forme LMGC90 et Développements numériques **181**

Références **187**

Introduction générale

La mise en service des lignes à grande vitesse (LGV) dès 1981 avec la ligne Paris-Lyon a donné le signal de départ au développement des liaisons ferroviaires à moyenne et longue distance à grande vitesse. L'évolution de la technologie ferroviaire permet à l'heure actuelle d'atteindre des vitesses commerciales de 320 km/h. Selon *RFF*, propriétaire et gestionnaire du réseau ferroviaire français, 15 000 trains de voyageurs et de frets circulent chaque jour sur les 29 273 kilomètres de lignes (www.rff.fr). Un trafic important qui a encore un fort potentiel de développement.

La répétition régulière du passage des trains à grande vitesse provoque au niveau de la voie plusieurs types de dégradation qui nécessitent des opérations de maintenance fréquentes et onéreuses. Selon la nature des dégradations de la voie, ces opérations sont alors réparties selon deux types de travaux : l'entretien courant et le renouvellement. En 2010, 1.4 milliards d'euros ont été investis dans les travaux d'entretien courant de voie et 1.7 milliards d'euros dédiés à la rénovation et à la modernisation de voie, [31], [95]. Afin de diminuer les coûts de ces opérations en augmentant la capacité de l'infrastructure, des travaux de recherche dans plusieurs domaines ferroviaires [88], [56], [74], [93], [58], [103], [97], [55], [1] et plus particulièrement la maintenance des voies ferrées ballastées ont été réalisés. La SNCF, quant à elle, a mis en place de nombreuses pistes d'investigation, [101], [85], [89], [79], [86] . Les thèmes de recherche proposés s'inscrivent dans une démarche de compréhension du comportement de la voie ballastée sous la circulation commerciale, de maîtrise des mécanismes conduisant aux détériorations de voie et de prédiction des phénomènes physiques mis en jeu à long terme, [99]. Toutes ces actions permettront de donner des orientations pour optimiser les procédés de maintenance agissant notamment sur le ballast.

Le ballast est un granulat, provenant du concassage de roches dures, très largement utilisé dans le chemin de fer, et dont le comportement mécanique est directement lié à la qualité des opérations de maintenance de voie, [79], [78], [77], [8], . Dans l'étude de ces opérations ferroviaires, comprendre et estimer la réponse mécanique de ce milieu granulaire s'avère donc primordial.

A l'instar de l'expérimentation, la simulation numérique permet d'observer les mécanismes intergranulaire des modèles sous l'action des sollicitations. Elle a la particularité d'obtenir les informations impossibles à mesurer expérimentalement (comme les forces intergranulaires) et de simuler avec les nombreux paramètres physiques (comme coefficient de frottement). Le but visé, en simulation numérique, est avant tout la compréhension du comportement d'un échantillon représentatif et la description du milieu en le traitant comme il est. Nous nous sommes tournés vers la méthode des éléments distincts (*Distinct Element Method* ou DEM) mise en pratique dès 1966 par P. A. Cundall [28], [27], [29], [30] , développée initialement pour l'étude de système

INTRODUCTION GENERALE

composés de rocs et étendue à l'étude des milieux granulaires. En général, les grains sont traités indépendamment comme une collection de corps rigides ou déformables interagissant entre eux.

Le travail développé ici s'insère dans le thème de l'approche numérique dédiée aux études mécaniques de l'infrastructure de voie ballastée en se focalisant sur la simulation par éléments discrets du milieu granulaire. Les applications concernées seront essentiellement des systèmes à très grand nombre de grains et de cycles de chargement. En effet, le but est de simuler des systèmes réalistes dont la taille des problèmes à traiter doit être importante pour représenter une portion de voie. La durée à simuler doit être suffisante pour capturer les phénomènes finaux, [94]. Ce type de simulation peut conduire à des calculs extrêmement coûteux en temps de calcul. La diminution du temps de calcul est un enjeu important.

Dans ce cadre, on examine l'intérêt de coupler deux approches pour simuler un grand problème granulaire et également mettre en place des stratégies pour réduire encore les temps de calcul : la méthode de Décomposition de domaine [19] basé sur l'approche Non Smooth Contact Dynamics (NSCD) [17], [71], [70], [81] et le calcul parallèle en mémoire partagée utilisant OpenMP [51], [49], [11], [68], [23], [92]. La première permet l'augmentation des capacités de résolution sur des milieux discrets en terme de taille, tandis que la seconde fait ses preuves en terme de réduction de temps de calcul. En conséquence, on doit posséder un outil numérique performant alliant robustesse et précision pour résoudre les problèmes multicontacts en tirant partie efficacement de la parallélisation. Les travaux qui suivent présentent des développements entrant dans ce cadre d'étude.

Le mémoire est décomposé en quatre grandes parties suivies d'une conclusion générale et des perspectives.

La première partie présente la problématique générale de la thèse, avec un premier chapitre consacré à la description du problème originel d'un point vue industriel, et un second aux défis scientifique et technique ainsi qu'aux pistes à investir. Dans un premier temps, on s'attache à présenter la structure d'une voie ballastée. On décrit les défauts géométriques de voie couramment détectés pour rendre compte de la qualité de la voie et les opérations de maintenance permettant de les corriger. Ensuite, on expose les diverses modélisations numériques et également les difficultés rencontrées dans le fait d'identifier des comportements spécifiques au ballast sous chargements industriels. On clôt cette première partie par le choix d'une stratégie dédiée au problème envisagé.

La deuxième partie concerne la base et le développement numérique utilisés dans le cadre de cette thèse. Dans le premier chapitre, on rappelle l'ensemble des éléments nécessaires de l'approche NSCD, des méthodes éléments discrets pour résoudre un problème d'interaction. Le deuxième chapitre présente la méthode de Décomposition de domaine, en détaillant le principe et le solveur consacré au milieu granulaire dans le cadre du premier algorithme numérique développé. On décrit dans le troisième chapitre de cette partie le choix du parallélisme en mémoire partagée d'OpenMP dédiée à la résolution numérique des contacts. A la fin de ce chapitre, on propose le deuxième algorithme qui regroupe la parallélisation avec OpenMP et la méthode de Décomposition de domaine.

La troisième partie décrit l'étape de la mise en œuvre et de la validation des méthodes développées. Les travaux importants de cette étape consistent en la réalisation de plusieurs cas tests uti-

INTRODUCTION GENERALE

lisant les deux types d'algorithmes, l'un pour la résolution séquentielle des contacts, l'autre pour la résolution parallèle du même problème. On introduit dans le premier chapitre de cette partie l'analyse de la convergence du solveur de référence face à des sollicitations industrielles. Ensuite, on propose les indicateurs pertinents dédiés aux post-traitements des résultats du côté mécanique ainsi que numérique. Le deuxième chapitre a pour objectif de valider la méthode de Décomposition de domaine en choisissant des paramètres algorithmiques pour avoir des résultats mécaniques convenables par rapport à la référence. Dans le troisième chapitre, on aborde tout d'abord la performance de calcul en terme de temps de calcul de l'outil numérique utilisant OpenMP. A la suite de cela, une simulation d'un échantillon représentatif d'une portion élémentaire de voie soumise à l'action d'un procédé de maintenance a été mise en place pour vérifier l'efficacité globale de la stratégie alliant la méthode de Décomposition de domaine et la technique parallèle en mémoire partagée d'OpenMP.

La dernière partie est consacrée, d'une part, à l'application ferroviaire en valorisant l'outil numérique développé dans le cadre de ce travail, d'autre part, à l'ensemble des tentatives de calcul adaptatif en dynamique ferroviaire pour augmenter la capacité de calcul de cet outil.

La conclusion générale et les perspectives concernant les possibles extensions de ces études permettent de clôturer ce mémoire.

L'ensemble des développements informatiques et des résultats de simulation présentés dans ce travail a été réalisé dans la plate-forme LMGC90 dont le développement et la diffusion sont assurés par F. Dubois et M. Jean ([32], [34], [36], [66]). Le post-traitement des résultats a été effectué grâce au logiciel BALLAST3D développé par G. Saussine, [90].

Cette thèse est proposée dans le cadre de la collaboration entre la Direction de l'Innovation et de la Recherche de la SNCF et le Laboratoire de Mécanique et Génie Civil, unité mixte CNRS, de l'Université Montpellier II.

Première partie

Contexte général

Chapitre 1

Contexte industriel

CHAPITRE 1. CONTEXTE INDUSTRIEL

Introduction

Depuis juin 2007, les TGV roulent à 320 km/h sur la Ligne LGV (Ligne à Grande Vitesse) de l'Est de la France. L'accroissement de la vitesse de circulation permet des gains significatifs en terme de temps de parcours mais engendre aussi une dégradation plus rapide de la voie. La capacité des opérations de maintenance pour limiter la dégradation de la géométrie de la voie est un enjeu fort afin de garantir la sécurité, la fiabilité des circulations, et diminuer des coûts de maintenance importants. Face à ces nouveaux défis, il est indispensable de bien connaître le comportement des éléments constitutifs, la typologie de différentes détériorations et également l'action de l'ensemble des travaux d'entretien.

Dans ce chapitre, on présentera les éléments constitutifs d'une voie de chemin de fer, puis les défauts géométriques de la voie et les différentes opérations de maintenance. Cette description nous permettra de proposer des pistes de recherche pour contribuer à la résolution des problèmes rencontrés.

1.1 Structure d'une voie ballastée

FIGURE 1.1 – Photographie d'une voie ballastée

La voie, figure 1.1, désigne l'ensemble des éléments assurant la circulation des trains et supportant les efforts transversaux, longitudinaux et verticaux. Elle a un écartement standard de $1.435\ m$ entre deux files de rails, et repose sur une plate-forme de $14\ m$ de large, avec une emprise moyenne de $50\ m$.

Les constituants sont décrits en détail sur la figure 1.2. Ils sont spécifiés en fonction des conditions d'exploitation des lignes, notamment le classement UIC - International Union of Railways www.uic.org.

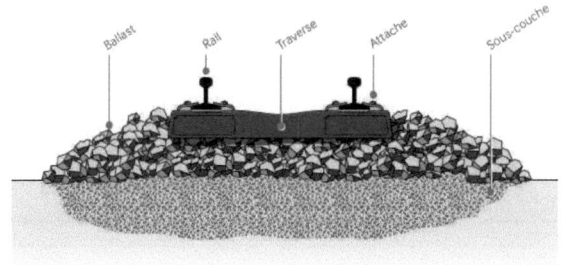

FIGURE 1.2 – Coupe transversale de la voie, [84].

1.2 Le ballast

Le ballast est l'élément support majeur de la voie ballastée (Figure 1.3). C'est un matériau granulaire constitué de roches concassées anguleuses de diamètre variant de 25 à 50 mm, de forme polyédrique à arêtes vives.

FIGURE 1.3 – Ballast ferroviaire

Sur une ligne à grande vitesse, la couche de ballast a une épaisseur d'environ 30 cm et supporte

CHAPITRE 1. CONTEXTE INDUSTRIEL

les efforts qui lui sont transmis par les traverses. Le ballast joue un double rôle important comme décrit ci-dessous :
- *D'un point vue mécanique* : le ballast transmet à la plate-forme les charges dues aux passages de trains, contribue aux caractéristiques de souplesse et d'amortissement de la voie grâce à sa structure poreuse. Il permet aussi de limiter la fatigue des constituants de la voie et d'absorber les vibrations mécaniques et acoustiques.
- *D'un point vue ferroviaire* : le ballast facilite l'entretien du nivellement de la voie. Avec sa granulométrie particulière, il assure le drainage et l'évacuation rapide des eaux pluviales.

Par ailleurs, afin de l'utiliser dans la construction de voies nouvelles, le ballast doit répondre essentiellement aux critères de qualité mécaniques et géométriques, tels que :
- une bonne résistance mécanique aux efforts,
- une angularité pour la résistance au cisaillement,
- une granulométrie et une propreté qui assure un bon drainage,
- une insensibilité à l'eau et au gel,
- une homogénéité de la forme des grains, en évitant les formes allongées ou aplaties, ...

Néanmoins, sous l'effet de charges lourdes répétées, les grains de ballast se réarrangent, se dégradent par usure ou fracturation ce qui engendre des défauts de voie, notamment les *défauts géométriques*. Les différents types de défauts seront présentés dans la suite de ce chapitre.

1.3 Les défauts de voie

Les défauts de voie entraînent une diminution du confort pour les voyageurs et peuvent également mettre en jeu la sécurité des circulations s'ils sont trop importants. Ils sont identifiés à l'aide d'une rame spéciale IRIS320 qui fournit des enregistrements de la géométrie de la voie. Ces enregistrements permettent d'identifier des défauts que l'on peut décrire de différentes manières :
- **Dans le plan vertical**, (Figure 1.4, 1.5), on a trois types de défauts de nivellement regroupés en deux types de nivellement :

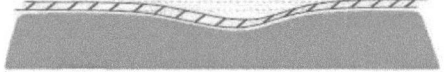

FIGURE 1.4 – Nivellement longitudinal, [67].

- Le nivellement longitudinal (Oz) résulte du tassement global et du tassement résiduel ; en pratique, c'est la valeur instantanée entre la crête de défaut et la ligne d'enregistrement sur une base de 15 m (Figure 1.6) :
- Le nivellement transversal (Ox) se caractérise de deux façons différentes :
    - *L'écart de dévers* : représente l'inclinaison transversale de la voie dans les courbes pour compenser l'effet de la force centrifuge, (Figure 1.7),

1.3. LES DÉFAUTS DE VOIE

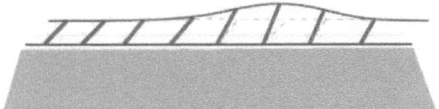

FIGURE 1.5 – Nivellement transversal, [67].

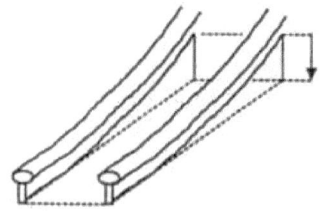

FIGURE 1.6 – Schéma du nivellement longitudinal, [85].

– *le gauche (gauchissement ou torsion de la voie)* : représente le décalage vertical entre les deux files de rails, (Figure 1.7).

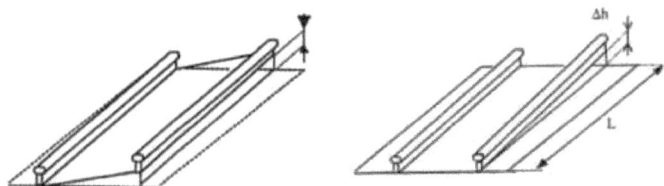

FIGURE 1.7 – Schéma du nivellement transversal : Le dévers (à gauche), le gauche (à droite) [85].

– **Dans le plan horizontal**, (Figure 1.8, 1.9), il existe deux défauts :
  – Défauts de dressage : c'est la variation transversale du rail par rapport à sa position théorique initiale, (Figure 1.10).
  – Défauts d'écartement des rails entre eux, (Figure 1.9) : la distance entre deux champignons de rails est généralement de 1435 mm.

En fait, l'origine de ces défauts est liée à la fois aux sollicitations, aux propriétés mécaniques de la plate-forme, du ballast, etc. Les défauts de voie sont corrigés par des opérations de maintenance

CHAPITRE 1. CONTEXTE INDUSTRIEL

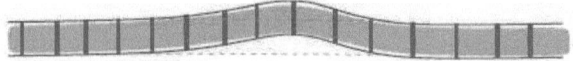

FIGURE 1.8 – Dressage [67].

FIGURE 1.9 – Ecartement [67].

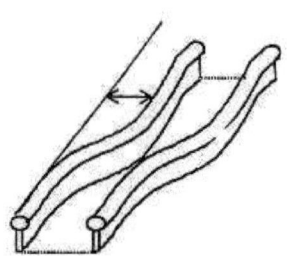

FIGURE 1.10 – Schéma du dressage [85].

1.4 Description des opérations de maintenance

Les opérations de maintenance permettent de rendre à la voie ferrée sa résistance, sa capacité initiale. Il existe actuellement trois types de maintenance : *maintenance préventive*, *corrective* et *substitutive*. Selon la nature des dégradations de la voie, ces opérations sont plus ou moins complexes et peuvent aller jusqu'à un renouvellement partiel ou complet, d'une partie ou de la totalité de la voie, [87].

Dans les premiers temps de la vie de la voie ballastée, on a recours à la méthode *préventive*. Celle-ci permet de réduire la dégradation géométrique de la voie. Deux types de maintenance qui nous intéressent dans cette période sont *le bourrage* et *la stabilisation dynamique*.

1.4.1 Le bourrage

a. Le cycle de travail L'opération de bourrage est une des opérations de nivellement les plus couramment pratiquées, Figure 1.11. Le bourrage mécanique consiste en la confection d'un moule sous chaque traverse, préalablement mise à hauteur par vibration et compression des éléments de ballast, ([96], [79], [8], [78], [77]).

Cette opération est répétée sur chaque traverse le cycle de travail et s'effectue à l'aide d'un engin, appelé *bourreuse*.

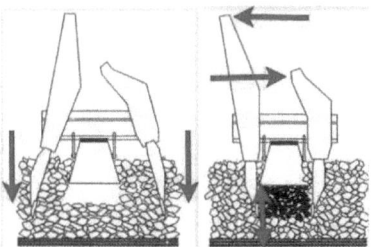

FIGURE 1.11 – Action de bourrage : Plongée et vibration, serrage [8].

Un cycle de bourrage comprend les étapes suivantes :
- tout d'abord, la bourreuse soulève le rail, et donc la traverse jusqu'à une hauteur déterminée,
- ensuite, les bourroirs plongent en vibrant dans le ballast. La vibration des bourroirs est horizontale, ce qui permet d'agiter suffisamment la matière granulaire pour faciliter l'enfoncement des bourroirs dans le ballast,
- les bourroirs vibrent et se resserrent d'une distance donnée, appelée course de serrage, dans le but de ramener les grains de ballast sous la traverse,

CHAPITRE 1. CONTEXTE INDUSTRIEL

– enfin, les bourroirs vibrent et se retirent du lit du ballast, la voie est relâchée et passent à la traverse suivante.

En pratique, le cycle de travail consiste en : l'avancée de la machine, l'arrêt de la machine et la plongée des bourroirs, le serrage et la vibration du ballast, la remontée des bourroirs. Il se divise en trois phases principales, nommées : *enfoncement, serrage, retrait*. La durée du cycle varie de 4 à 6 secondes suivant le type de machine, la difficulté de pénétration dans le ballast, la hauteur de relevage, etc.

b. Les bourreuses Afin de réaliser ces travaux, il existe actuellement deux types de bourreuses utilisées sur les voies, Figure 1.12, 1.13. Il s'agit des bourreuses Framafer (constructeur Plasser & Theurer) et bourreuses Matisa (constructeur Matisa). Celles-ci sont classées en plusieurs catégories, allant du premier au quatrième niveau selon la nature, la qualité du travail à fournir et le rendement à obtenir :

– les bourreuses premier niveau destinées aux travaux d'entretien du nivellement et du tracé des voies, l'entretien étant défini comme la rectification de la géométrie des voies dans les limites de 20 mm de relevage (nivellement) et 20 mm de ripage (dressage) en LRS (Long Rail Soudé),
– les bourreuses deuxième niveau destinées aux travaux de ballastage et aux travaux d'entretien du nivellement et du dressage des appareils de voie,
– les bourreuses troisième niveau destinées à l'entretien des voies et des appareils de voie ainsi qu'à certains travaux de mise en œuvre de ballast sur des zones limitées,
– les bourreuses quatrième niveau utilisées pour le calage après un remplacement de traverses mécanisé.

FIGURE 1.12 – Photographie de Bourreuse Framafer

1.4. DESCRIPTION DES OPÉRATIONS DE MAINTENANCE

FIGURE 1.13 – Photographie de Bourreuse Matisa

c. Les bourroirs Les bourreuses peuvent être équipées de plusieurs bourroirs. Suivant les constructeurs, la forme du bourroir varie légèrement mais globalement il garde la forme d'un T renversé, figure 1.14.

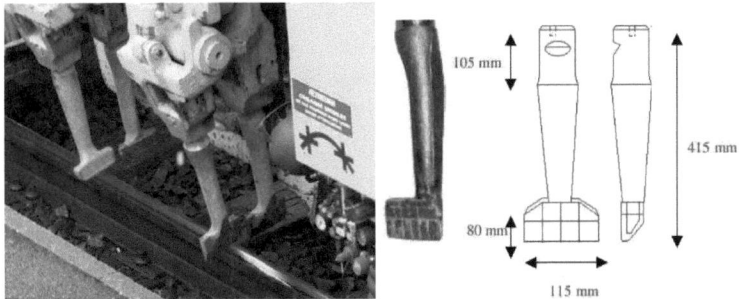

FIGURE 1.14 – Bourroirs réels et schéma, [sources : interne SNCF].

La mise en place des bourroirs sur la voie est représentée sur la figure 1.15. Les bourroirs encadrent la traverse et sont disposés de part et d'autre des deux fils de rails. Sur la figure 1.15, les bourroirs sont au nombre de 16 pour la traverse monobloc, ce qui représente 8 bourroirs par fil de rails.

d. Les paramètres métiers Plusieurs paramètres règlent le cycle de bourrage et donc sa qualité ainsi que son efficacité dans le temps ; Tableau 1.1.
 – *Hauteur de relevage* : La bourreuse soulève généralement le rail (la traverse) d'une hauteur H_r comprise entre 10 et 50 mm.

CHAPITRE 1. CONTEXTE INDUSTRIEL

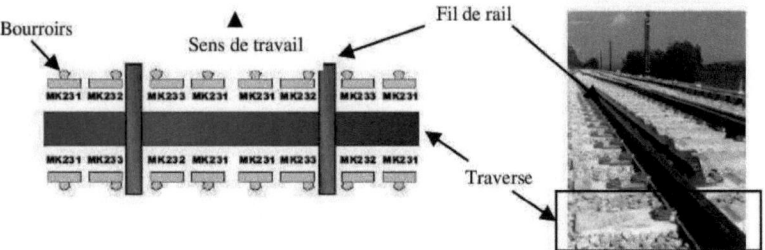

FIGURE 1.15 – Mise en place des bourroirs sur la voie, [sources : interne SNCF].

Paramètres	Plage de variation
Hauteur de relevage	10 - 50 mm
Distance de plongée (sous le blochet)	10 - 15 mm
Vitesse de plongée, de retrait	1.6 - 2.5 m/s
Fréquence de vibration	35 - 45 Hz
Force de serrage	16 - 19 kN
Temps de serrage	0.8 - 1.2 s

TABLE 1.1 – Paramètres métiers qui pilotent le bourrage, [sources : interne SNCF].

1.4. DESCRIPTION DES OPÉRATIONS DE MAINTENANCE

– *Distance de plongée* : La phase de plongée est une étape cruciale dans le cycle de bourrage. Cette phase concerne la pénétration des bourroirs dans le lit de ballast. Quelle que soit la hauteur de relevage du blochet H_r, l'enfoncement du bourroir sera arrêté lorsque la distance entre l'extrémité inférieure du blochet et l'extrémité supérieure du pied de bourroir sera équivalente à H_{bb} comprise entre 10 et 15 mm. En effet, pour une profondeur de plongée supérieure à 15 mm, le réarrangement des grains pourraient être plus important ce qui impliquerait un tassement du blochet plus grand.

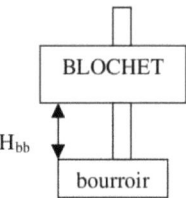

FIGURE 1.16 – Distance de plongée

– *Vitesse de plongée* : La vitesse de pénétration V_p et la vitesse de retrait V_r sont estimées à 2 m/s.
– *Fréquence de vibration* : Les fréquences utilisées par les bourreuses de dernière génération varient entre 35 et 45 Hz selon les constructeurs. En règle générale, l'amplitude du mouvement des extrémités des bourroirs varie entre 5 et 10 mm. Les constructeurs optimisent cette amplitude de manière à ce que les bras de bourroir ne heurtent jamais la traverse. Le constructeur Matisa utilise des signaux à 2 composantes : verticale et horizontale. Il s'agit d'un bourrage à vibrations elliptiques, Figure 1.17. D'après Matisa, ce bourrage permettrait de faciliter la pénétration des bourroirs dans le ballast, d'engendrer une perte minimale de la résistance latérale de la voie et une surface d'assise des traverses plus régulière. Cependant, en ce qui concerne l'optimisation de la densité, aucune mesure in situ n'a été réalisée.

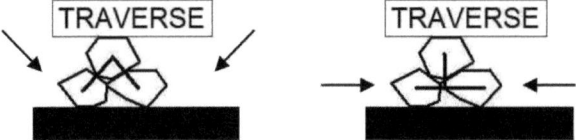

FIGURE 1.17 – a)- Vibration elliptique (gauche) ; b)- Vibration horizontale (droite), [sources : interne SNCF].

– *Force de serrage* : la force de serrage appliquée lors des opérations de bourrage est de l'ordre de 16 kN. Le temps et la pression sont déterminants dans la qualité du bourrage. Selon certains auteurs, [interne SNCF], un temps de serrage trop long et une pression trop

CHAPITRE 1. CONTEXTE INDUSTRIEL

forte impliquent une destruction des éléments de ballast (fragmentation) ; au contraire, un temps de serrage trop court et une pression trop faible impliquent une zone mal agglomérée d'où un tassement important.
- *Temps de serrage* : le serrage des bourroirs a pour but d'apporter sous la traverse le ballast nécessaire pour compenser le vide laissé par la filtration des éléments fins vers les sous-couches pendant la vibration et par le relevage et la correction des défauts. Le temps de serrage des bourroirs est de l'ordre de 0.8 s à 1.2 s et dépend de la fréquence des vibrations.

Les paramètres métiers, présentés ci-dessus, permettent de réaliser les trois phases de bourrage à savoir l'enfoncement, le serrage et le retrait. L'enjeu a été de connaître leurs plages de variations afin d'avoir une vision globale de ce qui est réalisé réellement et leurs impacts sur la tenue de la voie au cours du temps.

En résumé, le bourrage permet de redonner à la voie son profil initial. Néanmoins ce type de maintenance peut provoquer une perte de la résistance latérale de la voie. Afin de remédier à cette perte, en général après le bourrage est effectué une opération, appelée *stabilisation dynamique*, qui va permettre de consolider latéralement la voie.

1.4.2 La stabilisation dynamique

Après le bourrage, la voie doit être stabilisée pour retrouver ses propriétés mécaniques. Cette stabilisation peut se faire naturellement par le passage répété de trains ou être accélérée grâce à un procédé de stabilisation dynamique, ([75], [77]).

FIGURE 1.18 – Photographie de Stabilisateur DGS 42N

Cette opération est effectuée grâce à un *stabilisateur dynamique*, Figure 1.18, Figure 1.19. Cet engin est posé sur le rail et fait vibrer horizontalement la voie en lui imposant une charge verticale.
L'utilisation de la stabilisation dynamique permet de
- réorganiser les grains,
- augmenter la résistance latérale de la voie,
- homogénéiser la répartition de la compacité,
- rétablir la circulation sur la voie sans ralentissement.

1.5. MOTIVATION INDUSTRIELLE

FIGURE 1.19 – Photographie d'une unité de stabilisateur

La stabilisation dynamique a pour principaux paramètres :
- la fréquence de vibration,
- l'amplitude de vibration,
- la charge appliquée verticalement,
- la vitesse de déplacement de l'engin.

L'étude des paramètres de stabilisation permet de définir la plage d'utilisation optimale du stabilisateur dynamique dans le but de diminuer la durée de cette opération tout en redonnant à la voie ses propriétés mécaniques (le tassement, la résistance latérale) et de durabilité. Cependant, il existe actuellement peu d'études approfondies présentant l'impact des paramètres de stabilisation sur la voie.

1.5 Motivation industrielle

Dans cette première partie, nous avons présenté les éléments constitutifs d'une voie ballastée, le ballast, ses défauts géométriques, et les opérations de maintenance courantes. En réalité, la dégradation géométrique de la voie engendrée par le tassement différentiel dû au passage répété des trains à grande vitesse entraîne des opérations d'entretien onéreuses. Réduire ces processus en garantissant la fiabilité, la sécurité maximale et surtout un coût minimal adaptés aux lignes à grande vitesse, est un enjeu important.

Face à ce défi, il est alors indispensable d'étudier l'action des procédés, ainsi que de comprendre des phénomènes de réarrangement des grains de ballast, de la compaction sous vibration. En effet, plusieurs impacts apparaissent lorsque le ballast est soumis à des sollicitations mécaniques telles que des secousses, des vibrations. En général, ce milieu granulaire a tendance à se compacter progressivement et de ce fait, la voie est remise à niveau. Néanmoins, ces impacts peuvent être éventuellement défavorables qui sont encore mal connus et difficiles à déceler. Par exemple, des paramètres mécaniques agissant sur le ballast lors du procédé de maintenance peuvent provoquer une zone trop ou peu compactée engendrant au niveau de la voie des tassements plus importants, l'action de bourrage d'un blochet peut causer des déplacements de défauts, etc. La compréhension du comportement mécanique du ballast lors des opérations de maintenance est

CHAPITRE 1. CONTEXTE INDUSTRIEL

donc devenue indispensable pour pouvoir augmenter la pérennité des travaux.

Afin d'obtenir des bonnes connaissances sur ce domaine, plusieurs démarches (moins empiriques) ont été réalisées depuis quelques années : essais en laboratoires, expérimentations sur sites et également utilisation plus systématique des outils de modélisation numérique. Dans le cadre de cette thèse, le sujet de recherche s'insère dans le thème général des méthodes numériques.

Actuellement de nombreuses méthodes numériques sont utilisées, telles que des modélisations par éléments finis, par éléments discrets, par le couplage des deux types. Étant donné le défi du problème granulaire, nous étudierons donc une approche numérique extensive basée sur les méthodes **Éléments Discrets** qui permettent de modéliser le **ballast** et son comportement sous l'action des **opérations de maintenance**. Le développement de cette approche sera mis en œuvre dans les chapitres suivants.

Chapitre 2

Approches numériques

CHAPITRE 2. CONTEXTE LOGICIEL

Introduction

Comprendre et modéliser les phénomènes physiques ferroviaires mis en jeu dans le ballast apparaît comme un enjeu scientifique et industriel. En complément de l'approche expérimentale, les simulations numériques s'avèrent à l'heure actuelle être un outil incontournable qui permet d'apporter des réponses de plus en plus précises pour caractériser ces phénomènes. Les méthodes dites *Distinct Element Method*, connues sous le nom DEM, semblent être parfaitement adaptées. Elles traitent indépendamment chaque grain comme un corps rigide ou déformable interagissant par contact avec les autres grains ou corps, ce qui caractérise la nature granulaire du ballast.

En traitant des problèmes proches de la réalité, comme, un échantillon numérique en 3D modélisant une portion de voie et soumis à l'action de chargements cycliques, le coût de calcul peut être souvent prohibitif. Il est donc nécessaire de développer une méthode de résolution numérique de plus en plus performante pour diminuer de manière significative le temps de calcul.

Les méthodes de décomposition de domaine (Domain Decomposition Methods, DDM) sont connues, sans chercher explicitement à introduire le parallélisme, dans le traitement des problèmes sur les milieux continus discrétisés. Avec l'avènement des calculateurs parallèles, toujours plus puissants, de nombreuses recherches se sont développées afin d'utiliser ces nouvelles architectures, notamment en calcul de structures. En s'inspirant des principes de la décomposition de domaine dédiés aux milieux continus, la méthode a été étendue aux milieux discrets. Les DDM connaissent donc un nouvel essor, [61], [60].

Dans le but de réaliser des simulations numériques, à l'aide de la méthode par éléments discrets, qui prend en compte un nombre important de grains avec un temps de calcul raisonnable, les méthodes DDM utilisant les potentialités du calcul parallèle s'avèrent intéressantes.

Dans ce chapitre, on présente tout d'abord la méthode des éléments discrets DEM ainsi que son usage dans le domaine ferroviaire, puis on décrit les stratégies numériques développées durant la thèse pour optimiser le temps de simulation.

2.1 Éléments discrets pour les études ferroviaires

La méthode des Éléments Discrets est couramment utilisée pour étudier le comportement dynamique ou quasi-statique de collections de corps distincts considérés comme rigides ou déformables en interaction. Développée dans un premier temps par Cundall ([28]) pour répondre aux besoins de la mécanique des roches, elle a été étendue aux milieux granulaires. Les principales méthodes en éléments discrets peuvent être classées en deux grandes catégories : *Régulière* (Smooth Methods) et *Non-Régulière* (NonSmooth Methods). On décrit par la suite le principe de chacune de ces méthodes et leur application pour les études ferroviaires.

2.1.1 Méthodes "Régulières" (Smooth Methods)

Méthodes *Dynamique régulière* (*Smooth Methods*), appelées *Dynamique Moléculaire* au sens large (abrégé MD - Molecular Dynamics en anglais), regroupent les deux méthodes principales, ([17], [36]) :

2.1. ÉLÉMENTS DISCRETS POUR LES ÉTUDES FERROVIAIRES

- Distinct Element Method (DEM) de Cundall s'applique à des collections de grains rigides (parfois déformables), disques, sphères, polygonaux ou polyédriques,[28], [27], [29], [30],
- Molecular Dynamics (MD) s'applique à des grains sphériques ou circulaires (bulles de gaz...), [17].

Ces méthodes reposent sur des approximations régularisantes des relations qui expriment le contact entre deux corps. En effet, elles considèrent les particules comme étant rigides, autorisent une faible interpénétration aux points de contact, relient les forces de contact et l'interpénétration par des lois de comportement au contact. D'après Cundall, le contact est modélisé par un système de ressorts et d'amortisseurs, conduisant à un modèle élastique linéaire ou non-linéaire (voir Fig. 2.1). La rigidité de ces ressorts contrôle donc directement la magnitude de l'interpénétration ; réciproquement, l'interpénétration détermine l'amplitude des forces de contact, alors que les amortisseurs permettent de dissiper de l'énergie au contact. La durée d'un contact est non nulle et discrétisée en temps. En se basant sur l'équation fondamentale de la dynamique, les méthodes *Smooth* déduisent les accélérations, vitesses et déplacements des grains grâce à une formulation explicite des schémas de résolution.

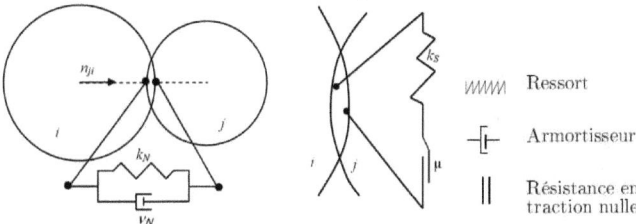

FIGURE 2.1 – Modèle de Cundall : point de contact

Base numérique. Le caractère "régulier" concerne le procédé de calcul des forces de contact, ce calcul pouvant se faire par le biais d'un calcul direct (forces proportionnelles à la distance entre particules) ([83]). Numériquement, les méthodes *Smooth* sont définies par :
- une description régularisée des lois de contact,
- un schéma d'intégration temporel explicite.

En général, elles résolvent l'équation de la dynamique par des méthodes d'intégration numérique après avoir calculé les forces de contact R grâce à des lois régularisantes. Celles-ci sont définies en fonction des valeurs locales r_α, fonction de l'interpénétration g (si g est négatif). Ainsi les forces normales de contacts peuvent suivre :
- une simple loi de Hertz : $r_n = k_n\, g^{\frac{3}{2}}$,
- une loi de cohésion de type JKR : $r_n = k_n\, g^{\frac{3}{2}} + \nu_n \sqrt{m_{eff} v} + \gamma_n \sqrt{g\, l_{eff}}$,
- une loi de type Hooke : $r_n = k_n\, g + \nu_n \dfrac{m_{eff} v_n . d}{l_{eff} . d}$

Par ailleurs, les forces tangentielles de contacts se déterminent par :
- une loi de Mohr-Coulomb : $r_t \leq \mu r_n + \gamma_t$,
- une loi de type Hooke : $r_t = \min(-\nu_t m_{eff} v_t, sign(-\gamma_t m_{eff} v_t)\mu|r_n|)$ (ajoutée, le cas échéant, à la loi normale de Hooke),

avec : k_n coefficient de raideur locale, ν_n coefficient de viscosité, γ_n et γ_t cohésions de contact, μ coefficient de frottement, paramètres liés à la nature du matériau et qui doivent être obtenus expérimentalement ; v_n et v_t vitesse relative entre les particules, $d(= d_{ij}n_{ij})$ vecteur inter-centres des particules i et j, m_{eff}, l_{eff} respectivement masse effective et rayon effectif associés au contact ij.

Suite au calcul des forces de contact, l'intégration de l'équation fondamentale de la dynamique permet d'obtenir les accélérations, les vitesses et les positions en translation et rotation de chaque particule. Cette démarche s'effectue grâce à un schéma explicite, tel que : le schéma des différences finies (schéma prédicteur-correcteur de Gear [82] pour Molecular Dynamics), le schéma aux différences centrées [17] pour Distinct Element Method (Cundall), le schéma de Newmark-méthode GEM, le schéma Velocity Verlet, la méthode de Runge-Kutta, la méthode de Richardson [48, 53].

L'utilisation des lois régularisantes semble être adéquate puisque ces lois permettent de traiter le contact de façon explicite. Cependant certaines précautions sont à prendre ([17], [82]). Premièrement, le *pas de temps* qui dépend des paramètres mécaniques du système : $\Delta t = \frac{1}{\gamma_n}\sqrt{\frac{m_{eff}}{k_n}}$, doit être largement inférieur au temps de durée d'un contact, et garder une taille suffisamment petite pour que la détermination des forces de contact soit pertinente. Deuxièmement, la *raideur normale* ne doit pas être trop élevée pour ne pas prendre des pas de temps trop petits, mais ne doit pas non plus être trop lâche entraînant des valeurs de g trop importantes et sans plus aucune signification. Ces précautions sont primordiales pour obtenir des résultats ayant un sens mécanique.

Les méthodes *Smooth*, en particulier les méthodes DEM de Cundall, sont largement utilisées pour étudier le comportement des grains dans les situations ferroviaires, [93], [58], [73], [25]. Nous allons donc présenter quelques travaux spécifiques dédiés à la modélisation du comportement de ballast sous l'action des phénomènes physiques ferroviaires en se basant sur ces méthodes.

Application ferroviaire
a. Étude de bourrage à l'aide d'une approche bidimensionnelle

Dans le cadre de sa thèse, X.Oviedo-Marlot, [77], a développé, sur la base de l'approche DEM de Cundall, un modèle micromécanique qui simule des particules de forme polygonale aléatoire en contact. Cette simulation numérique a pour objectif de retrouver qualitativement les observations faites lors d'essais expérimentaux, sur les phénomènes physiques mis en jeu lors du bourrage (effet de serrage et vibration). Elle permet non seulement d'aller plus loin dans la description du mouvement de ballast sous cette action, figure 2.2, mais aussi de différencier trois comportements pour obtenir un bourrage optimal. En effet, un comportement *solide* (fréquence f < 15 Hz) : les grains sont soumis essentiellement aux forces de serrage ; un comportement *visco-élastique* (15 Hz < f < 30 Hz) : les efforts de serrage et les vibrations se combinent pour avoir un bourrage efficace ; un comportement *liquide* (f > 35 Hz) : les vibrations entraînent une forte diminution de

2.1. ÉLÉMENTS DISCRETS POUR LES ÉTUDES FERROVIAIRES

la résistance des grains de ballast durant l'avancée du bourroir.

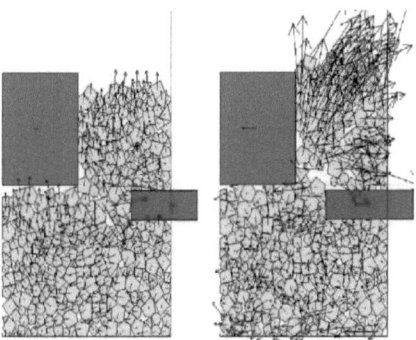

FIGURE 2.2 – Modèle micromécanique dans la simulation du bourrage (effet du serrage et de la vibration du bourroir) : particules polygonales, thèse de X. Oviedo-Marlot 2001,[77].

b. Étude de l'effet de la fragmentation du ballast sur le comportement de la voie soumise à un chargement cyclique

L'étude de la tenue de la voie liée à l'effet de rupture des grains sous l'action de chargement cyclique, sur la base de méthode DEM de Cundall (à l'aide de l'outil PFC^{2D} et fonction FISH), a été abordée par S. Lobo-Guerrero et L.E. Vallejo, [63], [64]. Ils ont utilisé deux modèles de simulation qui avaient la même configuration initiale composée de 681 particules circulaires de 2 cm de diamètre. Les deux échantillons représentent une portion de voie ballastée constituée de 3 blochets et soumis à 200 cycles de 62 kN représentant le passage d'un train. La fragmentation n'est présente que sur une simulation où quelques particules se sont brisées durant le chargement. Cette série de simulations a permis de mettre en évidence l'importance de la dureté du matériau. En effet, on observe dans les deux cas un net tassement suite au premier cycle. Puis le tassement reste stable si les grains ne peuvent pas se fracturer alors qu'il augmente toujours dans le cas où les grains ont la possibilité de se briser.

c. Étude de l'effet de la forme du ballast sur la stabilité latérale de la voie sous l'action de bourrage

La résistance latérale de la voie avant et après le bourrage a été étudiée en prenant en compte l'effet de la forme des grains, dans le cadre de la thèse de H. Huang, [52], [102],sur la base de la méthode DEM de Cundall (à l'aide de l'outil DBLOCKS3D). Les échantillons sont composés de 11 différentes formes de ballast facettés, qui subissent les actions de l'enfoncement des bourroirs, de leurs vibrations d'une fréquence de 35 Hz durant 2 s et du serrage, figure 2.4 (a). L'auteur a montré dans ses conclusions que le bourrage diminue de manière significative la résistance latérale. Celle-ci est fonction de la forme des particules, figure 2.4 (b).

CHAPITRE 2. CONTEXTE LOGICIEL

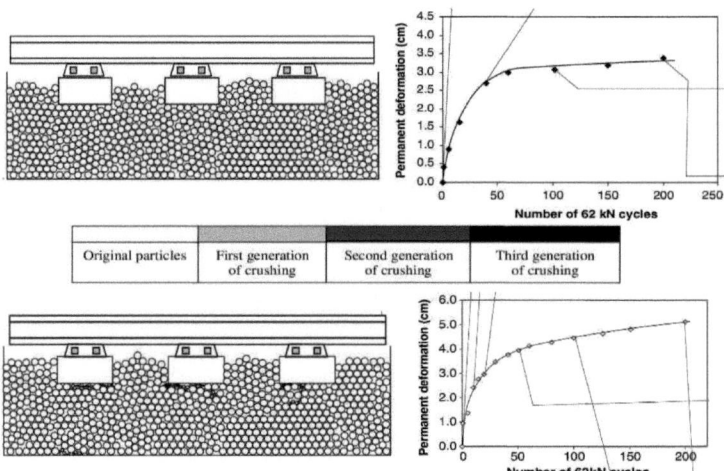

FIGURE 2.3 – a. Modèle bidimensionnel dans l'étude de l'effet de fragmentation du ballast sur la déformation permanente de voie : particules circulaires ; b. Courbe déformation permanente de voie (tassement) avant et après la fragmentation du ballast sous 200 cycles de force de 62 kN, [63], [64].

2.1. ÉLÉMENTS DISCRETS POUR LES ÉTUDES FERROVIAIRES

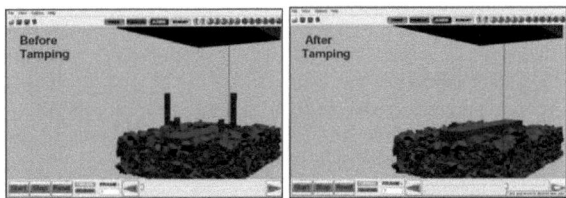

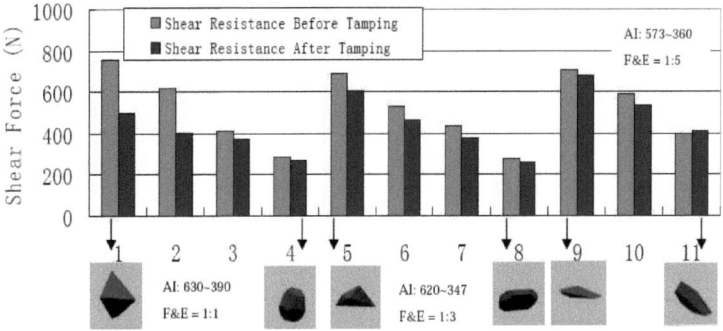

FIGURE 2.4 – a. Modèle tridimensionnel dans l'étude de l'effet de la forme du ballast sur la résistance latérale de la voie : plusieurs formes de grain ; b. Diagramme de résistance latérale sur le blochet avant et après le bourrage suivant différentes formes de particules, thèse de H. Huang 2010, [52], [102].

CHAPITRE 2. CONTEXTE LOGICIEL

2.1.2 Méthodes "Non Régulières" (NonSmooth Methods)

Méthodes *Dynamiques Non Régulières* (*NonSmooth Methods*) rassemblent les deux méthodes principales :
- Event Driven (ED) s'appliquent à des collections de grains rigides (sphériques) avec prédominance du vol libre, sans frottement,
- Non Smooth Contact Dynamics (NSCD) initiée par Jean et Moreau [57, 69] s'applique largement à des collections denses de grains rigides ou déformables, polydisperses, frottants, ayant une géométrie convexe.

Ces méthodes se basent sur l'hypothèse de non-interpénétration entre les grains. En effet, elles considèrent les particules comme étant rigides, non interpénétrables et interagissant aux points de contact éventuellement avec un frottement sec. D'après Moreau, les actions intergranulaires de contact frottant sont décrites par des lois à seuil, lois de choc élastique ou inélastique, conditions unilatérales et frottement de Coulomb. En ce qui concerne la méthode de résolution, l'approche NSCD exige un traitement implicite de l'équation dynamique et des lois de contact intergranulaires, contrairement à celle de ED qui utilise un schéma explicite.

Base numérique. Le caractère "non-régulier" apparaît sous trois aspects, [71]. Premièrement, une *non-régularité spatiale* due à la condition géométrique de non-interpénétration des grains du système conduisant à traiter des inégalités au lieu d'égalités. Deuxièmement, une *non-régularité en loi* apparaissant à travers les lois non-régulières reliant les non-interpénétrabilités ou bien les vitesses relatives aux forces de contact. Troisièmement, une *non-régularité temporelle* liée aux collisions entre corps rigides créant ainsi des sauts de vitesse. Les méthodes *Non Smooth* sont mises en œuvre par le biais :
- d'une description non-régulière des lois d'interaction entre grains,
- d'un schéma d'intégration temporel : explicite pour ED, implicite pour NSCD.

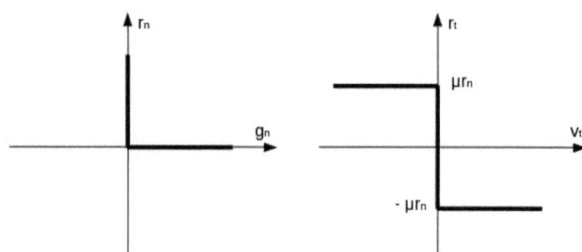

FIGURE 2.5 – Graphe de la condition de Signorini en interstice (gauche) et graphe de la loi de Coulomb (droite).

2.1. ÉLÉMENTS DISCRETS POUR LES ÉTUDES FERROVIAIRES

En principe, pour chaque contact potentiel entre deux grains, la condition de non-pénétration exige d'avoir un interstice positif : $g \geq 0$. De plus, la relation entre les vitesses relatives v et les impulsions r pour la partie normale, notée n, pour la partie tangentielle, notée t, est décrite par la loi de contact frottant (loi de Signorini-Coulomb), Fig 2.5 :

$$\begin{cases} \text{si } g > 0, \quad r = 0 \\ \text{si } g = 0, \quad 0 \leq v_n \perp r_n \geq 0 \end{cases} \text{et} \begin{cases} \text{si } \|v_t\| = 0, \quad \|r_t\| \leq \mu r_n \\ \text{si } \|v_t\| \neq 0, \quad r_t = -\mu r_n v_t / \|v_t\| \end{cases} \quad (2.1)$$

Dans le cas de corps rigides, la condition de Signorini ne contient pas assez d'informations pour modéliser le choc entre particules. Les deux relations à gauche de l'équation 2.1 ne décrivent pas totalement la physique de la collision qui apparaît comme instantanée par rapport à l'échelle de temps du mouvement. Afin de représenter la vitesse du choc, Moreau a défini une vitesse moyenne pondérée qui a été calculée en fonction des vitesses (avant - et après + le choc) et des coefficients de restitution e. Cette description est appelée loi de choc :

$$\begin{cases} v_t^m = \frac{e_t}{1+e_t} v_t^- + \frac{1}{1+e_t} v_t^+ \\ v_n^m = \frac{e_n}{1+e_n} v_n^- + \frac{1}{1+e_n} v_n^+ \end{cases} \quad (2.2)$$

Concernant la résolution numérique, la méthode ED applique une loi de choc à restitution (loi de Newton) en intégrant les équations de la dynamique pour calculer, de manière explicite, la vitesse des grains. Cette méthode est rapide, mais dans le cas d'échantillons compacts, elle est difficilement applicable. Quant à la méthode NSCD, elle paraît plus fréquemment utilisée pour la simulation d'échantillons denses et frottants. Elle repose sur l'intégration implicite de l'équation dynamique en respectant les traits principaux de l'unilatéralité et du frottement sec pour trouver des inconnues v et r. La présence ici de non-linéarités oblige à une recherche itérative de cette solution (méthode de Gauss-Seidel). Cette méthode peut gérer des contacts multiples en un seul pas de temps, mais elle demande un certain nombre de précautions dans la discrétisation afin de respecter la mentalité implicite (taille de pas de temps, nombre d'itérations effectué, ordre de parcours de contact,...).

En ce qui concerne les domaines d'application, les méthodes *Non Smooth* semblent historiquement moins répandues que les méthodes *Smooth* à cause de leur complexité numérique. Néanmoins, elles se sont énormément développées ces dernières décennies. Divers travaux liés aux applications ferroviaires à l'aide des méthodes *Non Smooth* seront présentés dans la suite.

Application ferroviaire

a. Étude du tassement et de la résistance latérale de la voie ballastée à l'aide d'une approche bidimensionnelle et tridimensionnelle

Dans le cadre de sa thèse [89], G. Saussine a développé, sur la base de l'approche NSCD, dans un premier temps un modèle bidimensionnel qui simule des granulats polygonaux afin d'étudier le phénomène de tassement soumis à un chargement cyclique, figure 2.6 (a). Dans un deuxième temps, son travail a consisté à développer et exploiter un modèle tridimensionnel simulant des

CHAPITRE 2. CONTEXTE LOGICIEL

grains polyédriques pour étudier la résistance de la voie ballastée à des efforts verticaux et transversaux, figure 2.7(a). L'auteur note une bonne concordance entre les essais numériques et les essais en laboratoire ainsi qu'une forte corrélation entre la qualité de la sous-couche et l'évolution du tassement, Fig. 2.6 (b). Il remarque aussi que la résistance des grains sur le blochet augmente de cycle en cycle, Fig. 2.7 (b).

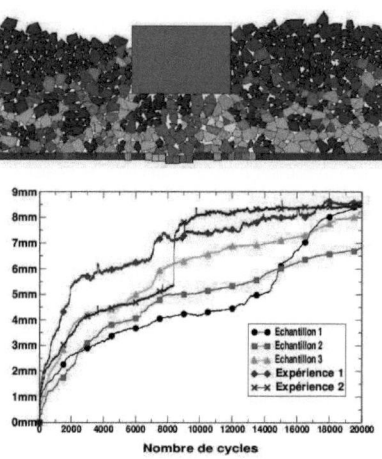

FIGURE 2.6 – a. Modèle bidimensionnel dans l'étude de tassement sous chargement cyclique : particules polygonales (haut) ; b. Courbe tassement-nombre de cycles de chargement obtenue par les simulations numériques et par expériences (bas), thèse de G. Saussine 2004,[89].

b. Étude du bourrage à l'aide d'une approche tridimensionnelle

Un modèle tridimensionnel a été développé par E. Azéma, [8], sur la base de l'approche NSCD, pour modéliser de manière la plus réaliste possible l'opération de bourrage, figure 2.8 (a). Il s'agit notamment de simuler le procédé à l'échelle réelle. L'échantillon est composé d'un blochet et des particules ayant des formes proches du ballast. Après une étude paramétrique sur plusieurs simulations, il remarque une forte compaction du ballast sous le blochet après le bourrage et propose une optimisation du procédé de bourrage. Globalement, l'augmentation de la fréquence de vibration dans la phase d'enfoncement, de retrait, et sa diminution dans la phase de serrage peuvent contribuer à améliorer le procédé, Fig. 2.8 (b).

2.1.3 Bilan

Une revue rapide des deux méthodes de résolution numérique a été réalisée et on a montré leur usage dans l'étude du comportement d'un milieu granulaire. Elles sont généralement classées en

2.1. ÉLÉMENTS DISCRETS POUR LES ÉTUDES FERROVIAIRES

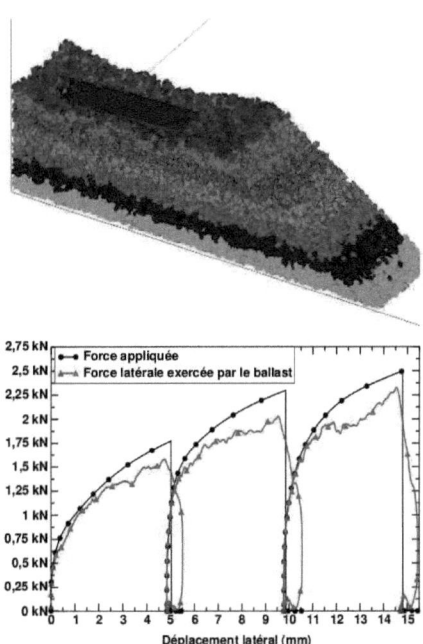

FIGURE 2.7 – a. Modèle tridimensionnel dans l'étude de la résistance latérale de la voie ballastée : environ 30 000 corps rigides polyédriques (haut) ; b. Courbe force-déplacement latéral du blochet en appliquant plusieurs cycles de charge-décharge (bas), thèse de G. Saussine 2004,[89].

CHAPITRE 2. CONTEXTE LOGICIEL

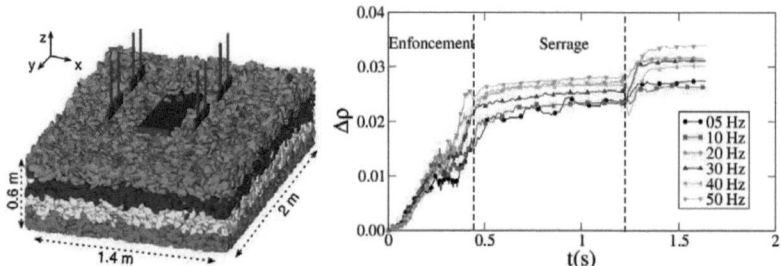

FIGURE 2.8 – a. Modèle tridimentionnel dans l'étude de bourrage : 30 000 grains polyédriques ; b. Courbe évolution du gain de compacité $\Delta \rho$ en fonction du temps pour l'ensemble des fréquences dans la phase de retrait, thèse de E. Azéma 2007,[8].

deux grandes familles : méthodes *Smooth* et méthodes *Non Smooth*.
- Les méthodes *Smooth* autorisent l'interpénétration des grains. On détermine explicitement les forces de contacts entre grains via les lois régularisantes. Ces méthodes sont capables de traiter plusieurs types des grains dans des situations dynamiques. Néanmoins, elles semblent assez "délicates" à mettre en œuvre sur des problèmes réels au niveau de l'interaction entre particules. De plus, concernant la résolution, pour assurer la stabilité du schéma numérique, elles doivent garder des pas de temps petits et définir des paramètres supplémentaires comme les raideurs qui ne sont pas disponibles expérimentalement. Ces choix stratégiques contribuent à la dégradation de la fiabilité des résultats et à la pénalisation du temps de calcul.
- Les méthodes *Non Smooth* sont basées sur l'hypothèse de rigidité sans interpénétration des contacts. Les forces de contacts sont implicitement (éventuellement) calculées en respectant les traits principaux de l'unilatéralité, du frottement sec du contact et l'évolution des vitesses au cours d'une collision entre particules. Ces méthodes sont particulièrement adaptées aux systèmes denses et également pertinentes pour des chargements dynamiques. Elles permettent d'avoir des temps de calcul plus courts.

Ces deux grandes familles apparaissent donc comme complémentaires. Bien que les méthodes *Smooth* et *Non Smooth* soient différentes, elles présentent leurs avantages et leurs défauts.

Les méthodes par Éléments Discrets ont aussi montré leur capacité à décrire les phénomènes physiques tels que les chargements cycliques, le tassement différentiel,... mis en jeu dans le ballast. Cependant, la simulation numérique dans de tels domaines d'application ferroviaire présente des difficultés pour l'étude de problèmes de grande taille et en temps de sollicitation long. "Comment palier ce problème ?". Des solutions se trouveront dans les sections suivantes.

2.2 Stratégies numériques pour les problèmes de grande taille

La modélisation par éléments discrets permet de réaliser des simulations d'un milieu granulaire, toutefois elle est très consommatrice en temps de calcul. En effet, un échantillon tridimensionnel, doit comporter un grand nombre de grains afin de représenter une portion représentative d'une voie ferrée ballastée. La durée de la simulation doit être optimisée pour simuler les différentes opérations, telles que : le tassement différentiel, les chargements cycliques durant le bourrage, la stabilisation dynamique.

Afin d'augmenter la vitesse d'exécution, il y a deux alternatives : discrétiser le système de référence en plusieurs petites parties, puis répartir ces sous-systèmes sur plusieurs unités de calcul (les processeurs). En abordant cette stratégie, la coopération entre les méthodes de Décomposition de domaine et le calcul parallèle est une alternative pour résoudre ce grand problème granulaire.

Dans la suite, on décrira donc les principes des méthodes de décomposition de domaine et les possibilités existantes dans le calcul parallèle. L'idée n'est pas ici d'entrer trop dans les détails, mais bien de voir les développements, les aspects-clés pour pouvoir ensuite insérer le travail de cette thèse.

2.2.1 Méthodes de décomposition de domaine

Les méthodes de décomposition de domaine sont essentiellement utilisées en modélisation par milieux continus dans le domaine de calcul de structures. Les principes des méthodes DDM dédiées aux milieux continus vont être parcourus ici de manière succincte. L'idée est donc de voir les avantages et les points particuliers de chacune de ces méthodes et dans quelle mesure elles sont applicables aux milieux discrets et en particulier granulaires.

Dans la littérature citée, les méthodes de décomposition de domaine sont classées en deux grandes familles : méthode avec recouvrement et méthode sans recouvrement, voir Figure 2.9 et 2.10.

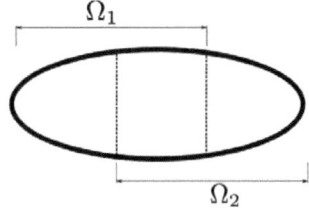

FIGURE 2.9 – Décomposition avec recouvrement.

Les méthodes avec recouvrement, dites Méthodes de Schwarz Alternées ("Alternating Schwarz Method"), appelées aussi Méthodes de Schwarz ("Overlapping Schwarz Method"), [91], consistent

CHAPITRE 2. CONTEXTE LOGICIEL

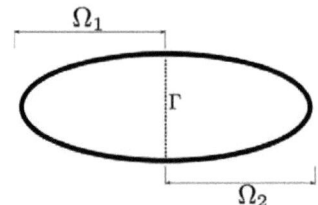

FIGURE 2.10 – Décomposition sans recouvrement.

à décomposer le domaine initial en deux sous-domaines qui se recouvrent partiellement. Il s'agit effectivement de résoudre alternativement sur chaque sous-domaine le même problème rajoutant juste sur leur interface une nouvelle condition aux limites. Suivant le type de mise à jour que l'on va imposer sur cette interface, la dernière ou l'avant-dernière solution du sous-domaine voisin, on distingue donc : *Méthode Schwarz Multiplicative* ou *Additive*, ([14], [4], [59], [46]). En général, les méthodes avec recouvrement ont l'avantage de ne pas introduire de nouvelles grandeurs mécaniques. Les quantités d'interface sont calculées plusieurs fois et en fonction de la taille du problème, elles peuvent alourdir considérablement les calculs. Elles semblent ainsi peu utilisées en calcul de structure, c'est un domaine où on privilégie les méthodes sans recouvrement.

Les méthodes sans recouvrement ("NonOverlapping Decomposition Method"), [62], permettent de simplifier la prise en compte des zones de frontières jusqu'au cas limite où le recouvrement n'existe plus. En éliminant des inconnues intérieures à chaque sous-domaine, on transforme le problème initial global en un problème, plus petit et mieux conditionné, posé sur l'interface entre les sous-domaines. En effet, le principe est de réduire le problème sur les inconnues de l'interface. Suivant les quantités mises en jeu sur l'interface, on peut séparer ces méthodes en deux grandes catégories : *Méthode Primale* [60] et *Duale* [45]. Par ailleurs, les *Méthodes mixtes* [18, 42] associent les principes des deux précédentes. En général, si on se restreint aux équations de la mécanique du solide, soit on cherche à déterminer le champ de déplacement aux interfaces, soit le champ d'effort dual aux interfaces. Ces deux méthodes ont inspiré les développements de cette thèse, comme de celle de D. Iceta [54]. On présente donc ci-dessous un peu plus en détail ces deux méthodes. On peut noter que le milieu granulaire étant, en terme de comportement, fortement éloigné de celui de milieux continus, il s'agit ici de décrire les développements réalisés et comment on pourrait s'en inspirer.

Méthodes primales.

Les méthodes primales consistent à formuler le problème en terme de champ de déplacement aux interfaces. En effet, les méthodes primales assurent la continuité des déplacements aux interfaces lors des itérations et tendent à trouver une solution équilibrée en effort à convergence (i.e. la solution permet d'annuler un saut d'effort sur le bord), Figure 2.11.

Considérons ainsi le problème de référence exprimé au travers d'une formulation en déplace-

2.2. STRATÉGIES NUMÉRIQUES POUR LES PROBLÈMES DE GRANDE TAILLE

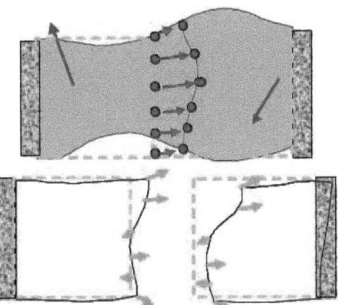

FIGURE 2.11 – Illustration des méthodes primales : équilibre des champs de déplacement (haut) et annulation du saut d'effort à l'interface (bas) [13].

ments discrétisée par éléments finis, on est conduit à résoudre un système du type :

$$[K][u] = [f] \tag{2.3}$$

où K est la rigidité, u le déplacement aux nœuds et f les efforts extérieurs correspondants. On découpe simplement l'ensemble du domaine Ω en deux sous-domaines Ω_E et $\Omega_{E'}$. Le système se présente alors sous la forme :

$$\begin{bmatrix} K_{EE} & 0 & K_{E\Gamma} \\ 0 & K_{E'E'} & K_{E'\Gamma} \\ K_{\Gamma E} & K_{\Gamma E'} & K_{\Gamma\Gamma} \end{bmatrix} \begin{bmatrix} u_E \\ u_{E'} \\ u_\Gamma \end{bmatrix} = \begin{bmatrix} f_E \\ f_{E'} \\ f_\Gamma \end{bmatrix}. \tag{2.4}$$

On réalise la substitution des deux inconnues u_E et $u_{E'}$ (élimination de Gauss par bloc), opération nommée condensation statique du problème discrétisé sur l'interface, de façon à se ramener aux seules inconnues u_Γ, on a :

$$[S][u_\Gamma] = [b] \tag{2.5}$$

avec

$$[S] = K_{\Gamma\Gamma} - \sum_{E=1}^{n_{sd}} K_{\Gamma E}(K_{EE})^{-1} K_{E\Gamma} \tag{2.6}$$

$$[b] = f_\Gamma - \sum_{E=1}^{n_{sd}} K_{\Gamma E}(K_{EE})^{-1} f_E \tag{2.7}$$

CHAPITRE 2. CONTEXTE LOGICIEL

[S] est appelée matrice du complément de Schur [12], [b] est le résultat de la condensation des efforts généralisés [f] sur Γ et n_{sd} le nombre de sous-domaines. Une fois trouvée la solution d'interface u_Γ, on peut calculer u_E sur chacun des sous-domaines Ω_E via la relation suivante :

$$u_E = K_{EE}^{-1}(f_E - K_{E\Gamma}u_\Gamma) \tag{2.8}$$

Le problème condensé dans 2.5 peut alors être résolu par une *méthode directe* ou une *méthode itérative*.
- L'approche directe consiste à opérer la résolution du problème condensé à partir de la construction explicite de la matrice de Schur [S]. Cette matrice est un assemblage des composantes locales [S_E] réalisé par une méthode de type frontale, (condensations successives sur des problèmes de taille de plus en plus réduites, détail dans [37], [13]. Son inversion est cependant extrêmement coûteuse : elle passe sur le calcul des compléments de Schur locaux, l'assemblage, la factorisation de l'opérateur assemblé (qui est une matrice pleine). Pour cette raison, on privilégie plutôt des solveurs itératifs.
- L'approche itérative procède à une résolution ne nécessitant pas d'expliciter la matrice [S] ni de la factoriser. Elle est basée sur un algorithme de type Gradient Conjugué, qui n'exige que des produits matrice/vecteur réalisés au niveau des sous-domaines, sans avoir à assembler le problème global. En effet, lors de la résolution, le produit [S][u_Γ] est calculé sous forme de contributions locales [S_E][u_E], on n'a donc pas besoin d'assembler [S]. La résolution est effectuée en deux étapes principales : (1) prendre en compte la condition aux bords : $u_E = u_\Gamma^E$ ce qui demande d'avoir factorisé K_{EE} ; (2) calculer des efforts de bord généralisés : $f_\Gamma^E = S_E u_\Gamma^E$, avec S_E calculé par 2.6 ; puis vérifier la continuité à l'interface. En général, à chaque itération, un champ de déplacement de bord u_Γ^E est imposé comme seul chargement sur chaque sous-domaine E, le complément Schur local S_E permet de transformer u_Γ^E sous forme de champ d'effort de bord f_Γ^E. Ces efforts sont assemblés sur l'interface et l'équilibre testé (via le résidu). Le processus s'arrête si l'équilibre d'effort est atteint (saut d'effort ou résidu égal à 0), sinon on met à jour dans chaque sous-domaine un nouveau champ de déplacement de bord ($u^{k+1} = u^k + \Delta u^k$, où Δu^k est la correction du champ de déplacement déterminée par le saut d'effort via S_E) et on réitère le processus jusqu'à convergence. La convergence de ces procédures itératives dépend énormément du conditionnement du système à résoudre, c'est à dire du rapport entre la plus grande et la plus petite valeur propre de la matrice, et elle doit donc s'opérer avec un nombre raisonnable d'itérations. Afin d'améliorer cette convergence, l'utilisation de *préconditionneurs* s'avère nécessaire. Parmi eux, le préconditionneur dit Neumann semble efficace, il est utilisé dans BDD ('Balancing Domain Decomposition') [65], méthode primale extensible (scalable en anglais) au sens où le taux de convergence ne se dégrade pas avec un nombre croissant de sous-domaines [3].

Méthodes duales.
L'approche duale, quant à elle, fait exactement l'inverse des méthodes primales, l'inconnue principale est un effort à l'interface. Elles privilégient effectivement la continuité des efforts lors des itérations et tendent à contrôler les déplacements continus sur les interfaces (i.e. la résolution vise à annuler un saut de déplacement à l'interface), Figure 2.12.

2.2. STRATÉGIES NUMÉRIQUES POUR LES PROBLÈMES DE GRANDE TAILLE

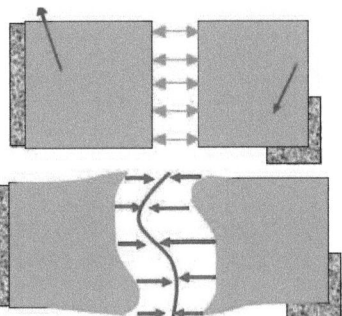

FIGURE 2.12 – Illustration des méthodes duales : équilibre des champs d'effort (haut) et annulation du saut de déplacement à l'interface (bas) [13].

Pour ces méthodes, on considère directement l'équilibre local des sous-domaines. De manière à assurer automatiquement le principe d'action-réaction entre les sous-domaines et la continuité des déplacements aux interfaces, on a donc :

$$K_E u_E + B_E^T F_E = f_E$$
$$K_{E'} u_{E'} + B_{E'}^T F_{E'} = f_{E'}$$
$$B_E u_E + B_{E'} u_{E'} = 0$$

où F_E sont les actions généralisées du sous-domaine Ω_E sur le sous-domaine $\Omega_{E'}$ (F_E = - $F_{E'}$) ; B_E sont les matrices de restriction aux nœuds de bord (matrice Booléenne avec une convention de signe : $B_E : \Omega_E \to \Gamma_E$). On peut alors exprimer les déplacements de chaque sous-domaine en fonction des efforts de bord comme suit :

$$u_E = (K_E)^{-1}(f_E - B_E^T F_E) \tag{2.9}$$

Le problème après condensation s'écrit :

$$[\Lambda][F] = [c] \tag{2.10}$$

où

$$[\Lambda] = \sum_{E=1}^{n_{sd}} B_E (K_E)^{-1} B_E^T = \sum_{E=1}^{n_{sd}} \Lambda_E \tag{2.11}$$

$$[c] = \sum_{E=1}^{n_{sd}} B_E (K_E)^{-1} f_E = \sum_{E=1}^{n_{sd}} c_E \tag{2.12}$$

avec : $\sum$ représente l'assemblage des quantités locales aux sous-domainesΛ_E et c_E ; $[F]$ regroupe toutes les inconnues de type F_E.

Si les matrices K_E sont toutes inversibles, on peut alors utiliser la méthode de Gradient Conjugué. En effet, les inconnues sont ici les efforts à l'interface. Lors de la résolution, on a cette fois besoin du produit $[\Lambda][F]$ qui est calculé à partir de l'ajout des contributions locales : $[\Lambda][F] = \sum_{E=1}^{n_{sd}} \Lambda_E F_E$.

Le calcul se fait toujours en deux étapes : (1) imposer la condition aux bords : $F_E = F_{E'}$; (2) calculer des déplacements de bord avec efforts imposés selon : $B_E u_E = \Lambda_E F_E$, puis vérifier la continuité à l'interface. En principe, à partir d'un champ d'effort de bord comme seul chargement sur chaque sous-domaine, Λ_E permet de trouver le champ de déplacement correspondant. Ces déplacements sont assemblés sur l'interface et l'équilibre testé. Si le saut de déplacement n'est pas nul, on corrige le champ d'efforts de bord via Λ_E. Et ainsi de suite, itérativement, jusqu'à convergence : équilibre du champ d'effort et annulation du saut de déplacement sur le bord.

Comme pour les méthodes primales, en présence de sous-domaines flottants (dans lesquels aucune portion de frontière ne possède de condition en déplacement imposé), les matrices de rigidité locales ne sont plus inversibles, il faut alors prendre en compte une contrainte supplémentaire liée à leurs modes rigides [45]. On peut déterminer le champ de déplacement à un mouvement de solide rigide près sous une nouvelle forme :

$$u_E = (K_E)^+(f_E - B_E^T F_E) + R_E \alpha_E \qquad (2.13)$$

où K_E^+ est l'inverse généralisé de la rigidité K_E, R_E l'ensemble des mouvements possibles de solide rigide du sous-domaine Ω_E, et α_E les coefficients d'une combinaison linéaire entre eux.

Cette contrainte d'admissibilité est traitée par une technique de Krylov-augmentée en ajoutant un projecteur P dans le calcul du saut de déplacement de bord et sa mise à jour, [45]. L'utilisation de ce projecteur s'interprète comme la recherche dans des champs de déplacement d'une correction en mouvement de solide rigide permettant de vérifier au mieux des conditions de continuité en déplacement sur Γ_E.

Cette phase de projection peut alors être considérée comme un *problème grossier* (problème de petite taille positionné sur toute l'interface). Ce problème contribue à faire communiquer globalement des informations d'un bout à l'autre de la structure, et de ce fait, permet d'accélérer la convergence du processus [15].

En gardant la logique d'utilisation de l'algorithme Gradient Conjugué, on peut obtenir l'extensibilité des méthodes en ajoutant un problème grossier et un préconditionneur adapté. Plusieurs variantes de méthodes duales sont enrichies par cette technique, tels que : méthode FETI (Finite Element Tearing and Interconnecting)([13],[3]), méthode FETI-DP (FETI Dual-Primal) ([44])...

Méthodes mixtes.

Les méthodes mixtes n'imposent la continuité ou l'équilibre d'aucun champ *a priori* et formulent le problème d'interface **à la fois** sur les efforts et les déplacements (ou bien les vitesses). Il existe plusieurs versions de ces méthodes selon qu'on considère les interfaces comme des sous-domaines à part entière ou pas (méthode LATIN, méthode de type Lagrangien augmentée, [18, 19, 7]). Pour cela, la mise en œuvre itérative des méthodes exige donc la définition d'un pro-

2.2. STRATÉGIES NUMÉRIQUES POUR LES PROBLÈMES DE GRANDE TAILLE

blème grossier global pour assurer le transfert d'information sur l'ensemble de la structure et non-uniquement de voisin à voisin. En général, ces méthodes semblent efficaces pour les problèmes hétérogènes.

En résumé, les méthodes sans recouvrement présentées ci-dessus peuvent voir leurs performances fortement dégradées lorsque le nombre de sous-domaines croît. La question de la propagation d'une information globale lors de la résolution itérative s'est ainsi naturellement posée. Elle a conduit à la mise en place de problèmes grossiers variés issus de la vérification partielle des conditions de transmission entre sous-domaines. L'enrichissement du schéma itératif par ce problème grossier implique quelques difficultés lors de l'implantation sur une architecture parallèle.

2.2.2 Parallélisation

Dans le cadre du développement de calcul des structures, en présence des méthodes de décomposition de domaine, le parallélisme s'avère être un moyen optimal afin de faire chuter le temps *CPU* et ainsi traiter des problèmes de plus en plus grands et de plus en plus réalistes, [10], [21], [80], [24], [20]. Actuellement, de nombreux codes utilisant une technique parallèle sont développés permettant de donner des résultats très précis. Cette technique consiste à décomposer un calcul en un flot de tâches et de données indépendantes et à gérer leurs interactions afin d'exploiter des processeurs. Les machines parallèles peuvent être composées de quelques processeurs (moins d'une dizaine) jusqu'à plusieurs centaines voire milliers.

Bien qu'il existe de nombreuses architectures de machines, selon la localisation de la mémoire des processeurs dans la machine, on peut souvent les classer en deux modèles :
- **à mémoire distribuée** : chaque processeur a sa propre mémoire et un réseau de communication qui permet de relier tous les processeurs, Fig. 2.13,
- **à mémoire partagée** : les processeurs ont accès direct à la mémoire globale, aucun échange de mémoire n'est nécessaire entre processeurs, Fig. 2.14.

Les architectures parallèles à mémoire distribuée consistent à distribuer la mémoire globale sur chaque processeur. Les codes tirant parti de ce genre de modèle utilisent le langage *MPI* (**M**essage **P**assing **I**nterface) [50]. Chaque processeur effectue une partie des calculs localement sans s'occuper des calculs que font ses voisins. C'est alors à l'utilisateur de gérer les échanges d'informations entre les différents processeurs lorsque ceux-ci sont nécessaires. Ceci implique souvent une restructuration assez importante de certaines parties du code. Étant largement utilisé en calcul parallèle, MPI apparaît comme le langage le plus performant en vue d'une utilisation massive de processeurs. Néanmoins, l'interconnexion doit être la plus réduite possible pour optimiser le temps de calcul.

Les architectures parallèles à mémoire partagée, quant à elles, exploitent les processeurs qui partagent la mémoire globale, moyennent des caches locaux propres à chaque processeur. Le langage utilisé par ces codes de calcul basés sur ce principe est *OpenMP* (**Open** **M**ulti-**P**rocessing),[49]. *OpenMP* est un ensemble de directives reconnues par les différents compilateurs qui s'intègrent dans le code sans en changer (ou faiblement) la structure. L'utilisation est ensuite transparente, l'utilisateur ayant uniquement à gérer le nombre de processeur à sa disposition. Il peut aussi définir des variables privées à chaque processeur, pour effectuer des calculs locaux. Cette simplicité

CHAPITRE 2. CONTEXTE LOGICIEL

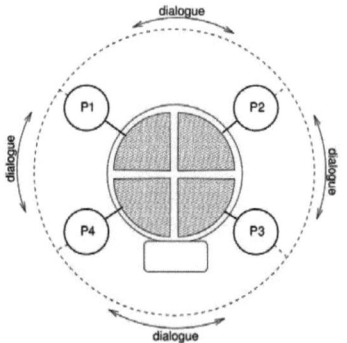

FIGURE 2.13 – Modèle à mémoire distribuée (MPI),[82].

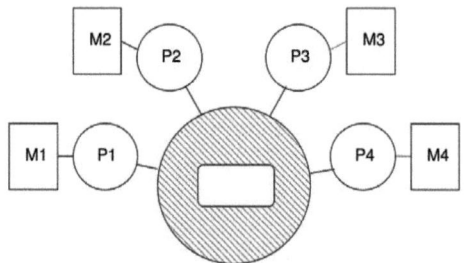

FIGURE 2.14 – Modèle à mémoire partagée (OpenMP),[82].

2.3. CHOIX D'UNE STRATÉGIE

d'utilisation fait que les codes utilisant *OpenMP* rencontrent des limites de performance en calcul intensif au delà d'une centaine de processeurs. Néanmoins, l'emploi de ces techniques est efficacement exploité dans une implémentation parallélisée à une dizaine de processeurs.

2.3 Choix d'une stratégie

En ce qui concerne les méthodes numériques pour la simulation de grands systèmes granulaires comme ceux rencontrés dans l'étude du comportement du ballast ferroviaire, on cherche à utiliser : l'approche **Non Smooth Contact Dynamics** (NSCD) avec des Éléments Discrets (DEM) en appliquant les méthodes de **décomposition de domaine sans recouvrement** (plutôt *Dual* du point vue de la résolution) alliée à une parallélisation adaptée en environnement à **mémoire partagée** (utilisant OpenMP). Ce choix est essentiellement motivé par la nécessité de :
– premièrement, utiliser une méthode par éléments discrets convenable.
– deuxièmement, étendre la décompositon de domaine à la dynamique granulaire,
– troisièmement, développer un code de calcul utilisable correspondant à la plate-forme logicielle (ici LMGC90 [33]) dans l'environnement industriel où l'investissement informatique est relativement limité (une dizaine de processeurs par machine).

En effet, l'approche non-régulière NSCD a fait ses preuves pour le calcul de milieux discrets **denses**, de systèmes le plus souvent **compacts** composés de **corps rigides** (sans interpénétration) avec des interactions de **contact frottant**, sujets à des **chargements dynamiques**. D'un point de vue numérique, cette approche est apparue la plus adaptée à ce problème puisqu'elle permet d'employer des pas de temps suffisamment grands et de traiter le contact sans régularisation. Autrement dit, elle n'exige pas d'introduire des paramètres de rigidité locale de contact, difficilement ajustables sans références expérimentales et elle ne nécessite aucun terme d'amortissement pour stabiliser le schéma numérique.

Une fois cette approche choisie, on souhaite augmenter les capacités de résolution numérique. Afin de mettre en place cette idée, en se basant sur les principes de DDM dédiée aux milieux continus, on développe une stratégie de Décomposition de Domaine sans recouvrement dédiée aux milieux granulaires. Grosso modo, dans les milieux granulaires, à chaque pas du problème d'évolution, toutes les quantités cinématiques (vitesses) sont prises en compte en même temps que les équations du mouvement afin de déterminer les forces d'interaction. Les champs d'impulsions étant privilégiés dans l'approche NSCD, les méthodes duales sont retenues. On mettra en évidence les principes de ces méthodes extensives dans le chapitre suivant.

Afin d'exploiter efficacement les algorithmes de DDM, le parallélisme se révèle indispensable. Cependant, cette technique parallèle a été jusqu'ici peu utilisée pour la simulation des milieux granulaires. De plus, l'utilisation du parallélisme est apparue plus compliquée lorsqu'elle se combine aux méthodes extensives de DDM. Cela nous amène à nous satisfaire de conserver la simplicité d'une efficacité considérable de la version d'OpenMP. D'une manière pragmatique, OpenMP permet de tirer parti essentiellement de l'algorithme séquentiel existant sans chercher à bouleverser les structures mises en œuvre dans la plate-forme LMGC90. Les arguments concernant l'aspect numérique de ce choix seront exposés en détail par la suite.

CHAPITRE 2. CONTEXTE LOGICIEL

Deuxième partie

Dynamique non régulière et sous structuration

Chapitre 3
Dynamique granulaire

CHAPITRE 3. DYNAMIQUE NON RÉGULIÈRE ET SOUS STRUCTURATION

Introduction

L'approche *Non Smooth Contact Dynamics* (NSCD), dite aussi *Contact Dynamics*, développée par Jean et Moreau [17] est une des méthodes de dynamique granulaire présentant le plus grand degré de généralité. Cette méthode est notamment utilisée pour la résolution des systèmes mécaniques composés de corps rigides dont les contacts sont unilatéraux et frottants. Dans ce chapitre on examinera successivement la base numérique de cette méthode, le solveur pour la résolution des interactions de contact implémenté dans la plate-forme, et également les critères permettant d'évaluer sa convergence.

3.1 Formulation (NSCD)

Dans le cadre de cette thèse, NSCD se base sur deux ingrédients principaux : **l'équation de la dynamique**, et **les lois de contact**. Alors, on considère le système comme un ensemble de corps rigides soumis à des efforts extérieurs et des interactions non-régulières (*non-smooth*) comme des contacts frottants, ([76]).

On commence par le fait de distinguer deux repères, l'un lié aux grains, dit *global*, pour décrire la dynamique, et l'autre lié aux contacts, dit *local*, pour exprimer les interactions de contact, Figure 3.1.

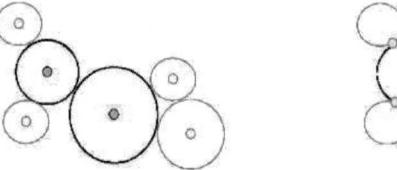
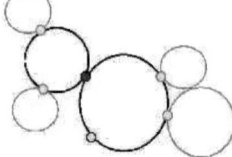

FIGURE 3.1 – Graphe simplifiée en 2D : a) Repère *global* aux centres de masse des grains. b) Repère *local* aux points de contact.

Pour cela, des majuscules seront utilisées pour toutes les variables exprimées dans la base globale des grains, les minuscules seront quant à elles réservées à la base locale des contacts.

Le problème à résoudre peut être schématisé comme suit, Figure 3.2 :

3.1.1 Équation de la dynamique

Supposons qu'à l'instant t_i, on connaisse :
– au centre de masse des grains : les positions q_i, les vitesses V_i, les impulsions extérieures R^d sur $]t_i, t_{i+1}[$.

3.1. FORMULATION (NSCD)

Symbole	Définition	Repère
M	Masse des grains	global
V	Vitesse des grains	global
R	Impulsion due aux contacts (au centre de masse)	global
R^d	Effort extérieur connu aux grains	global
v	Vitesse relative entre deux grains (au niveau du contact)	local
r	Impulsion due aux contacts (au niveau du contact)	local
g	Interpénétration entre deux grains (*interstice*)	local
n, t, s	Base locale : composante normale, tangentielle, rotatoire	local
H	Opérateur relie le repère local et global	local → global
H^T	Opérateur (transposée de H) relie le repère global et local	global → local
W	Opérateur de Delassus $W = H^T.M^{-1}.H$	

TABLE 3.1 – Notations générales

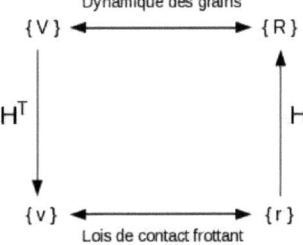

FIGURE 3.2 – Relations entre variables locales et globales.

CHAPITRE 3. DYNAMIQUE NON RÉGULIÈRE ET SOUS STRUCTURATION

- au niveau du contact : les vitesses relatives v_i, les impulsions de contact r_i sur $]t_{i-1}, t_i[$.

Le problème consiste à déterminer les mêmes variables à l'instant t_{i+1}. En se basant sur la forme intégrée dans [17], la dynamique d'un grain x peut s'écrire algébriquement :

$$m_x(V_x^{i+1} - V_x^i) = R_x^d + R_x \tag{3.1}$$

Pour des raisons de simplification, l'exposant $i + 1$ sera omis dans la suite. L'équation 3.1 s'écrit alors :

$$m_x V_x = m_x V_x^i + R_x^d + R_x \tag{3.2}$$

où : $R_x = H_x r$, H_x étant l'opérateur de sélection des interactions agissant sur le grain x et orientant les interactions suivant la normale n au contact. Pour l'ensemble des grains, les variables associées à chaque grain dans l'équation 3.2 peuvent être assemblées à l'échelle globale :

$$MV = MV^i + R^d + R \tag{3.3}$$

avec $R = Hr$. Au niveau du contact, la dynamique devient :

$$v = v^d + Wr \tag{3.4}$$

autrement dit : $Wr - v = -v^d$, où :
- $v = H^T V$,
- $v^d = H^T M^{-1} R^d + H^T V^i$ représente des vitesses relatives dues aux impulsions extérieures,
- $W = H^T M^{-1} H$ est l'opérateur de Delassus.

L'application H et sa transposée H^T sont calculées dans [17], [81], [54], [89], par les relations cinématiques.

3.1.2 Lois de contact frottant

La description de la dynamique des grains présentée ci-dessus doit être complétée par celle des contacts. En principe, les lois de contact frottant sont des **relations multivoques** entre les diverses variables locales : interstice g, vitesse relative $v = (v_n, v_t)$, impulsion $r = (r_n, r_t)$. Dans ce sens, *l'unilatéralité* et *le frottement sec* constituent une partie de la base théorique de NSCD.

Contact unilatéral. Les liaisons unilatérales entre corps rigides permettent d'illustrer la différence de mentalité entre les approches *régulières* et *non régulières*. L'unilatéralité consiste à exprimer que deux corps ne se pénètrent pas, ce qui se traduit par le fait que l'interstice g, doit rester positif $g \geq 0$.

Ne considérant pas de cohésion entre les particules, la composante normale de l'impulsion locale reste aussi positive se traduisant par $r_n \geq 0$. Cette grandeur est nulle lorsqu'il n'y a pas contact, autrement dit : $g > 0 \Rightarrow r_n = 0$. Ces deux relations sont connues sous le nom de *condition de Signorini en interstice* :

3.1. FORMULATION (NSCD)

$$g \geq 0, r_n \geq 0, gr_n = 0 \quad (3.5)$$

En pratique, on ne travaille pas avec g mais avec la vitesse relative v_n. On peut donc écrire la *condition de Signorini en vitesse* définie par la relation :

$$\begin{cases} g > 0, & r = 0 \\ g \leq 0 \Rightarrow & v_n \geq 0, r_n \geq 0, v_n r_n = 0 \\ & (\Leftrightarrow 0 \leq v_n \perp r_n \geq 0) \end{cases} \quad (3.6)$$

Cette relation est décrite sur la figure 3.3 (à gauche).

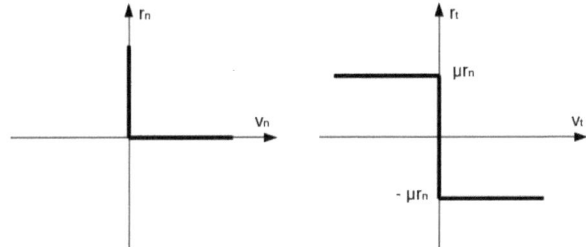

FIGURE 3.3 – Condition de Signorini en vitesse (à gauche), loi de Coulomb (à droite).

En effet, si à un instant suffisamment proche, deux corps adjacents s'interpénètrent, pour satisfaire la condition de *non-interpénétration*, la vitesse relative au contact va devoir être positive pour faire en sorte que cette interpénétration devienne nulle, écartant ainsi les deux corps, [70].

Lois de choc. Lorsque deux corps rigides entrent en contact, exprimer seulement l'unilatéralité n'est pas suffisant pour déterminer le mouvement. Une loi de comportement supplémentaire doit être prise en compte. Habituellement une loi de choc est prescrite. Par exemple, la loi de restitution de Newton est utilisée pour relier la vitesse avant (-) et après (+) choc : $v_n^+ = -ev_n^-$, $e \in [0, 1]$, où e est le coefficient de restitution de Newton.

A noter que pour des échantillons compacts impliquant des chocs multiples simultanés, ce coefficient e n'a pas un grand rôle. Or, dans nos cas d'étude, on travaille usuellement sur les collections **denses** de grains, l'utilisation $e = 0$ est donc admissible (loi de choc inélastique).

Lois de frottement. La loi de frottement, quant à elle, exprime la relation entre la force de frottement (la composante tangentielle de l'impulsion r_t) et la vitesse de glissement (la composante tangentielle de la vitesse relative v_n). Cette relation peut aussi faire intervenir les variables locales, le plus souvent r_n. La loi de frottement sec est aussi connue sous le nom de *loi de Coulomb*.
On peut écrire cette loi sous la forme :

CHAPITRE 3. DYNAMIQUE NON RÉGULIÈRE ET SOUS STRUCTURATION

$$\|r_t\| \leq \mu r_n, \|v_t\| \neq 0 \Rightarrow r_t = -\mu r_n v_t / \|v_t\| \tag{3.7}$$

où μ est le coefficient de frottement. Cette relation exprime que l'impulsion r_t est située dans un cône d'ouverture μ (le cône de Coulomb), et que si la vitesse de glissement est non nulle, cette force tangentielle est opposée à la vitesse de glissement et a une valeur égale à μr_n. Le graphe de cette relation est représenté sur la figure 3.3 (à droite).

3.1.3 Problème de référence

En prenant en compte la loi unilatérale (3.6) et la loi de frottement 3.7, on peut obtenir une relation formelle $\mathcal{R}(r, v) = 0$ qui décrit le comportement d'interaction de contact frottant. La loi est connue sous le nom commun de *loi de Signorini-Coulomb* :

$$\mathcal{R}(r,v) = 0 \Leftrightarrow \begin{cases} g > 0, & r = 0 \\ g = 0, & 0 \leq v_n \perp r_n \geq 0 \end{cases} \text{et} \begin{cases} \|v_t\| = 0, & \|r_t\| \leq \mu r_n \\ \|v_t\| \neq 0, & r_t = -\mu r_n v_t / \|v_t\| \end{cases} \tag{3.8}$$

A noter que la relation de comportement porte sur les composantes normales et tangentielles seules de v et r, on ne prend pas en compte les différences des vitesses relatives de rotation et les moments associés, ce qui pourrait être le cas avec un modèle de Coulomb généralisé dit aussi frottement de roulement. Grâce au formalisme introduit, on peut maintenant résoudre le problème de contact frottant. Le couple d'équation (3.4) et (3.8) constitue le **problème de référence** :

$$\begin{cases} Wr - v = -v^d \\ \mathcal{R}(r,v) = 0 \end{cases} \tag{3.9}$$

3.2 Résolution (NLGS)

L'approche NSCD utilise un algorithme de type Gauss-Seidel non linéaire (NonLinear Gauss-Seidel, NLGS) par blocs pour résoudre le problème local où les lois d'interactions sont le contact unilatéral et le frottement de Coulomb. On décrit par la suite les principes de ce solveur et également ses implémentations numériques dans la plate-forme LMGC90 [33].

3.2.1 Principe algorithmique

La résolution locale est réalisée contact par contact par un algorithme de type NLGS ; si on considère le contact α, et qu'on suppose les impulsions aux autres contacts fixées (par commodité l'indice de temps i est omis), le schéma itératif est alors défini de la façon suivante (à l'itération $k+1$) :

$$\begin{cases} W_{\alpha\alpha} r_\alpha^{k+1} - v_\alpha^{k+1} = -v_\alpha^d - \sum_{\beta < \alpha} W_{\alpha\beta} r_\beta^{k+1} - \sum_{\beta > \alpha} W_{\alpha\beta} r_\beta^k \\ \mathcal{R}(r_\alpha^{k+1}, v_\alpha^{k+1}) = 0 \end{cases} \tag{3.10}$$

Le problème consiste à trouver le couple $(r_\alpha^{k+1}, v_\alpha^{k+1})$ connaissant les r_β^k. Selon [17], [36], [82], [81], la résolution se fait en trois étapes :
- Calculer la vitesse "libre" en se basant sur la dynamique de chaque grain : $V_{free} = M^{-1}R^d$, et $v^d = H^T(V_{free} + V^i)$. Pour chaque contact α, combiner $W_{\alpha\alpha} = \sum_x H_{x\alpha}^T M_x^{-1} H_{x\alpha}$ où la somme est faite sur tous les grains x liés au contact α,
- Évaluer le membre de droite, noté b_α, de la première équation (3.10). En fait, à l'itération $k+1$, une solution approchée pour le candidat α est recherchée ; des valeurs provisoires pour les autres candidats $\beta \neq \alpha$ sont adoptées : si $\beta > \alpha$, on prend les valeurs calculées à l'itération k ; et si $\beta < \alpha$, on prend les valeurs calculées au cours de cette itération $k+1$. Dans ce cadre, pour chaque grain x lié au contact α, on résout l'équation de la dynamique : $M_x V_x = \sum_{\beta \neq \alpha} H_{x\beta} r_\beta$ et puis on assemble les contributions : $\sum_x H_{x\beta}^T V_x$ (bien entendu : $Wr = H^T M^{-1} Hr = H^T M^{-1} R = H^T M^{-1} MV = H^T V$) (méthode ELG, voir la section 3.2.2),
- Résoudre le problème local, trouver les inconnues (r_α, v_α) via (3.10),
- Mettre à jour les données et passer au candidat suivant,
- Parcourir la liste des candidats autant de fois qu'il le faut jusqu'à ce qu'un critère de précision soit satisfait.

Vu que la résolution locale se fait contact par contact, cette méthode s'avère sensible à l'ordre de parcours des contacts. En effet, une solution obtenue en traitant le contact α_1 avant le contact α_2 peut différer d'une solution obtenue dans l'ordre inverse. Ainsi une rénumérotation peut influencer le nombre d'itérations et conduire à l'obtention de solutions différentes.

3.2.2 Implémentation numérique

La résolution locale des systèmes denses composés de plusieurs centaines de milliers de contacts constitue numériquement un vrai défi. En conséquence, l'implémentation du type NLGS aborde notamment la gestion de la matrice W. Il existe deux méthodes principales, voir Figure 3.4.
- La méthode **E**change entre les niveaux **L**ocal et **G**lobal (ELG, sans assemblage), consiste à construire les matrices blocs $W_{\alpha\alpha}$ sur la diagonale de l'opérateur de Delassus, mais pas les matrices $W_{\alpha\beta}$, $\beta \neq \alpha$.
- La méthode **S**tockage des **D**onnées au niveau **L**ocal (SDL, avec assemblage), consiste à construire toutes les matrices $W_{\alpha\beta}$.

Méthode ELG. La première technique d'implémentation, notée ELG, réalise le calcul du second membre droit b_α de l'équation (3.10) sans effectuer les produits matrice-vecteur au niveau local. En effet, elle réalise des échanges entre les niveaux local (contacts) et global (grains) via les opérateurs H_α, H_α^T. D'un point vue technique, la matrice $W_{\alpha\beta}$ n'est pas formée, car sa fabrication est coûteuse et son stockage peut nécessiter un emplacement mémoire important. Les termes du type :

CHAPITRE 3. DYNAMIQUE NON RÉGULIÈRE ET SOUS STRUCTURATION

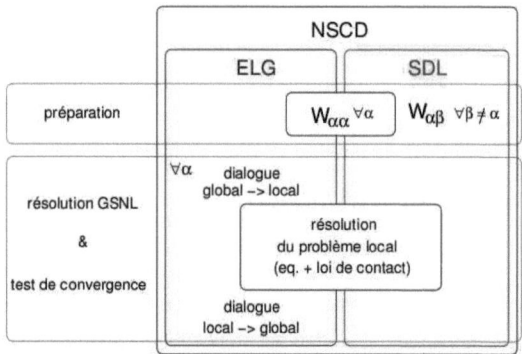

FIGURE 3.4 – Deux structures de NSCD : la version ELG favorise une minimisation de l'espace mémoire et du temps de préparation, tandis que la version SDL favorise un gain de temps lors du calcul des itérés au détriment de l'espace mémoire, [82].

$$\sum_{\beta} W_{\alpha\beta} r_\beta = \sum_{\beta \neq \alpha} W_{\alpha\beta} r_\beta + W_{\alpha\alpha} r_\alpha$$

s'obtiennent par calcul via une variable auxiliaire, notée v_α^{aux}, qui prend en compte les efforts appliqués aux grains liés au contact α (ici indicée par x et y),

$$\text{Pour } \alpha = \text{xy}, \ v_\alpha^{aux} = H_\alpha^T[(M_x)^{-1} R_x^k - (M_y)^{-1} R_y^k] \tag{3.11}$$

Une fois ce terme calculé, on est capable de déterminer b_α, de résoudre notre problème local et d'obtenir ainsi le couple $(r_\alpha^{k+1}, v_\alpha^{k+1})$. Les efforts des grains sont ensuite mis à jour via l'opérateur H_α.

$$\begin{bmatrix} R_x \\ R_y \end{bmatrix}^{k+1} = \begin{bmatrix} R_x \\ R_y \end{bmatrix}^k + H_\alpha (r_\alpha^{k+1} - r_\alpha^k) \tag{3.12}$$

On passe ensuite au traitement du contact suivant. L'algorithme de résolution via la méthode ELG est détaillé dans le tableau 3.2.

Méthode SDL. La seconde technique d'implémentation consiste à éviter le dialogue entre les deux niveaux (contacts - grains) lors de la résolution locale. En effet, cette méthode construit toutes les matrices

3.2. RÉSOLUTION (NLGS)

Nouveau pas de temps
 Calcul des vitesses libres v^d et des matrices blocs diagonales $W_{\alpha\alpha}$
 ⌐ k = k + 1 (itération NLGS)
 	
    ⌐ $\alpha = \alpha + 1$ (indice de contact)
 	
     1. Calcul de v_α^{aux} en identifiant les corps en contact :
       $\alpha = xy,\ v_\alpha^{aux} = H_\alpha^T[(M_x)^{-1}R_x^k - (M_y)^{-1}R_y^k]$
 	
     2. Évaluation de b_α (membre de droite)
       $b_\alpha = -v^d - v_\alpha^{aux} + W_{\alpha\alpha}r_\alpha^k$
 	
     3. Résolution du problème local (3.10)
       les inconnues étant $(r_\alpha^{k+1}, v_\alpha^{k+1})$
 	
     4. Actualisation de R_x et de R_y
       $\begin{bmatrix} R_x \\ R_y \end{bmatrix}^{k+1} = \begin{bmatrix} R_x \\ R_y \end{bmatrix}^k + H_\alpha(r_\alpha^{k+1} - r_\alpha^k)$
 	
 ⌊ Test de convergence pour k = 0, ..., k_{max}

TABLE 3.2 – Algorithme de la méthode ELG, [82].

CHAPITRE 3. DYNAMIQUE NON RÉGULIÈRE ET SOUS STRUCTURATION

$W_{\alpha\beta}$ avant de commencer les itérations NLGS. Le calcul du second membre b_α se fait pour chaque contact par un simple produit matrice-vecteur. L'algorithme de résolution via la méthode SDL est présenté dans le tableau 3.3.

Nouveau pas de temps
Calcul des vitesses libres v^d et des matrices blocs diagonales $W_{\alpha\alpha}$, $W_{\alpha\beta}$

⌈ k = k + 1 (itération NLGS)

⌈ $\alpha = \alpha + 1$ (indice de contact)

1. Évaluation de b_α (membre de droite)
$$b_\alpha = -v^d - \sum_{\beta<\alpha} W_{\alpha\beta} r_\beta^{k+1} - \sum_{\beta>\alpha} W_{\alpha\beta} r_\beta^k$$

2. Résolution du problème local (3.10)
les inconnues étant $(r_\alpha^{k+1}, v_\alpha^{k+1})$

L

L Test de convergence pour k = 0, ..., k_{max}

TABLE 3.3 – Algorithme de la méthode SDL, [82].

3.2.3 Bilan

En résumé, on vient de présenter la méthode la plus couramment employée dans NSCD. Le principal avantage du solveur NLGS est sa convergence régulière rarement mise en défaut, mais qui peut être relativement lente. D'autre part, le choix de la technique d'implémentation numérique ELG ou SDL influe éventuellement sur le temps de calcul. Bien entendu, chacune des méthodes a ses avantages et ses inconvénients, mais dans le cadre de la plate-forme utilisé (LMGC90), on applique par défaut la méthode **ELG** pour éviter le stockage des matrices de dimensions importantes.

3.3 Critères de convergence

Travailler avec des méthodes itératives exige le choix d'un critère de convergence. Dans le cas des granulats, la multiplicité des solutions est inévitable ; elle peut être causée par deux phénomènes. Le premier provient des *contacts simultanés* dans un système granulaire induisant des réseaux d'impulsions auto-équilibrés. La seconde source de multiplicité des solutions est le frottement de Coulomb qui, lorsque le coefficient de frottement est suffisamment grand, induit plusieurs statuts des solutions de contacts locaux [43, 2, 72]. Comme la solution exacte est habituellement

3.3. CRITÈRES DE CONVERGENCE

inconnue, on peut seulement tenter d'estimer une certaine distance jusqu'à elle via des *critères*. Néanmoins, le choix du critère de convergence n'est pas une tâche facile. En effet, il doit être suffisamment précis pour que la solution en sortie ait un sens, mais ne doit pas être trop strict afin de ne pas trop augmenter le temps de calcul.

Dans le cadre de l'algorithme NLGS, les critères proposés sont liés à l'énergie du système au cours du pas de temps considéré. Lors du test de convergence, les deux énergies de référence sont introduites :
- $\varepsilon^m = \sum_\alpha \bar{r}_\alpha . W_{\alpha\alpha} r_\alpha$,
- $\varepsilon^q = \frac{1}{N_{actif}} \sum_\alpha (W_{\alpha\alpha} r_\alpha).(W_{\alpha\alpha} r_\alpha)$.

Trois quantités permettent de mesurer les erreurs en loi de comportement :
- $e_{DVoR} = \frac{1}{\varepsilon^m} \sum_\alpha \bar{r}_\alpha . \Delta v = \frac{\sum_\alpha \bar{r}_\alpha . \Delta v}{\sum_\alpha \bar{r}_\alpha . W_{\alpha\alpha} r_\alpha}$: violation moyenne sur tous les contacts.
- $e_{DV} = \frac{1}{\sqrt{\varepsilon^q}} \sqrt{\frac{\sum_\alpha \Delta v_\alpha . \Delta v_\alpha}{N_{actif}}} = \sqrt{\frac{\sum_\alpha \Delta v_\alpha . \Delta v_\alpha}{\sum_\alpha (W_{\alpha\alpha} r_\alpha).(W_{\alpha\alpha} r_\alpha)}}$: violation quadratique 1.
- $e_{DVR} = \frac{1}{\varepsilon^m} \sqrt{N_{actif} . \sum_\alpha (\Delta v_\alpha . \Delta v_\alpha).(\bar{r}_\alpha . \bar{r}_\alpha)} = \frac{\sqrt{N_{actif} . \sum_\alpha (\Delta v_\alpha . \Delta v_\alpha).(\bar{r}_\alpha . \bar{r}_\alpha)}}{\sum_\alpha \bar{r}_\alpha . W_{\alpha\alpha} r_\alpha}$: violation quadratique 2.

où l'on peut identifier les termes suivants :
- N_{actif} : nombre de contacts transmettant une force non nulle.
- $\bar{r}_\alpha = \frac{1}{2}(r_\alpha^{k+1} + r_\alpha^k)$: demi-somme de l'impulsion du contact α de l'itération précédente k et de l'itération suivante k+1,

- $\Delta v_\alpha = (v_\alpha^{k+1} - v_\alpha^k)$: variation de la vitesse relative du contact α,

- $W_{\alpha\alpha} r_\alpha$: produit scalaire entre la matrice $W_{\alpha\alpha}$ et le vecteur r_α,
- $\bar{r}_\alpha . W_{\alpha\alpha} r_\alpha$: la demi-somme du produit scalaire entre le vecteur r_α et le vecteur $W_{\alpha\alpha} r_\alpha$ de l'itération k et k+1, calculée par :

$$\frac{1}{2}((Wr)^k . r^k + (Wr)^{k+1} . r^{k+1})$$

- $W_{\alpha\alpha} r_\alpha . W_{\alpha\alpha} r_\alpha$: la demi-somme du produit scalaire entre les deux vecteurs $W_{\alpha\alpha} r_\alpha$ de l'itération k et k+1, déterminée par :

$$\frac{1}{2}(Wr^k . Wr^k + Wr^{k+1} . Wr^{k+1})$$

Trois critères de convergence qui sont successivement une valeur moyenne et deux versions quadratiques, doivent alors être satisfaites :

- $\frac{e_{DVoR}}{tol} \leq 1$: critère noté **Mean DVoR**.

- $\frac{e_{DV}}{tol} \leq 1$: critère noté **Quad DV**.

- $\frac{e_{DVR}}{tol} \leq 1$: critère noté **Quad DVR**.

La tolérance tol est choisie suivant le problème à résoudre et valable pour les trois critères. Dans LMGC90, une tolérance par défaut est fournie : $tol = 1, 6.10^{-5}$ (une valeur indicative).

3.4 Conclusion

En ce qui concerne les matériaux granulaires, la méthode NSCD présente l'avantage d'être, par construction, adaptée au traitement de l'unilatéralité, du frottement sec et des contacts simultanés. Du point vue de la résolution, le solveur NLGS est robuste ; les critères de convergence permettent d'estimer la précision de manière globale des solutions, contribuant à limiter, à la fois, le temps de calcul et les erreurs cumulées. Néanmoins, dans les échantillons denses soumis à des chargements cycliques où les phénomènes physiques entre grains sont mal connus, certaines crises locales au sein de calcul peuvent perturber le critère d'arrêt. Il est donc nécessaire d'évaluer la pertinence de ces critères.

Dans les chapitres suivants, on va s'intéresser à "Comment insérer la stratégie d'optimisation numérique en se basant sur cette méthode".

Chapitre 4
Décomposition de domaine

CHAPITRE 4. DÉCOMPOSITION DE DOMAINE

Introduction

Les méthodes de *Décomposition de Domaine* ont récemment suscité un intérêt important. En effet, ces méthodes consistent à ramener des domaines de grande taille sur des géométries complexes en une suite de sous-domaines de taille plus petite sur des géométries plus simples.
On s'intéresse ici à l'application des méthodes de Décomposition de Domaine pour la résolution de problèmes de dynamique granulaire [5]. D'une manière concrète, un grand domaine est découpé géométriquement en plusieurs *"blocs"* quasi-indépendants. Chaque sous-domaine est alors un système granulaire en lui-même, avec des conditions aux limites particulières sur ses interfaces avec ses voisins.
Dans le cadre de cette démarche, ce chapitre est structuré en deux parties. La première partie est consacrée à la présentation du principe, ainsi qu'à la formulation algébrique de la décomposition de domaine dédiée aux milieux granulaires. La seconde partie expose son implémentation numérique dans la plate-forme utilisée (ici, LMGC90).

4.1 Sous structurations primale / duale

4.1.1 Principe de partitionnement géométrique

Le système granulaire peut-être considéré comme un ensemble de nœuds (grains) et de liens (interactions de contact frottant) (voir Fig. 4.1).

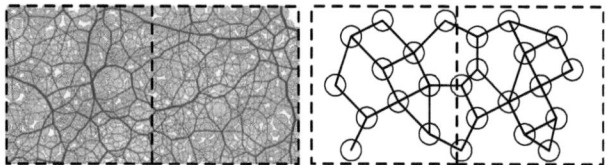

FIGURE 4.1 – Décomposition par la méthode des boîtes en 2/3D pour un milieu granulaire (à gauche) et son principe (à droite), [6, 16].

En se basant sur cette description, deux méthodes de décomposition peuvent être utilisées (voir Fig. 4.2), [6] :
- *L'approche primale* ventile des grains dans les sous-domaines (Fig. 4.2 à gauche). Un grain est déclaré appartenir à un sous-domaine (une boîte) si son centre de masse est localisé à l'intérieur de la boîte en question. L'interface est alors constituée des *liens* reliant les grains de deux sous-domaines voisins,
- *L'approche duale* ventile des interactions dans les sous-domaines (Fig. 4.2 à droite). Une interaction est déclarée appartenir à un sous-domaine (une boîte) si le milieu du segment reliant les centres de masse des grains en contact est localisé à l'intérieur de la boîte en

4.1. SOUS STRUCTURATIONS PRIMALE / DUALE

question. Les interfaces sont donc constituées des centres de masse de grains ayant au moins deux contacts avec des grains de sous-domaines différents, [54].

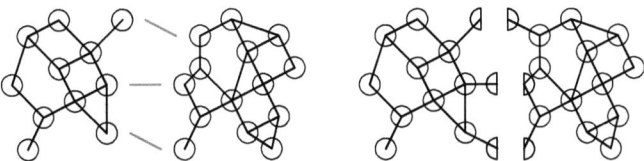

FIGURE 4.2 – Méthode primale de décomposition : distribution des grains (à gauche) et méthode duale : distribution des interactions (à droite), [39].

Nous utilisons ici *l'approche primale* consistant à distribuer les grains dans les sous-domaines, par son caractère moins intrusif dans un code dédié au traitement des problèmes d'interactions de grande taille. Les sous-domaines sont traités comme des systèmes granulaires couplés avec leurs voisins par les conditions aux limites particulières dues à l'interface globale. D'un point de vue pratique, celle-ci est gérée comme un sous-domaine particulier qui ne contient que des interactions et aucun grain, Fig 4.3.

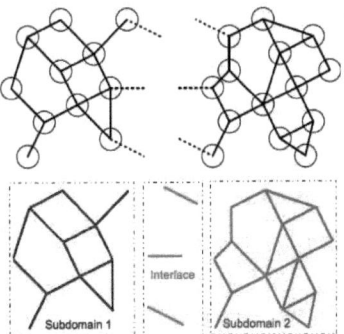

FIGURE 4.3 – Traitement local au niveau d'interaction de l'approche primale, [6].

4.1.2 Principe de partitionnement algébrique

Selon [39, 41, 40, 6], un partitionnement algébrique du problème de référence peut être construit sur la base du partitionnement géométrique. Afin d'alléger l'écriture, on définit par avance les variables de la sous-structuration comme suit :

CHAPITRE 4. DÉCOMPOSITION DE DOMAINE

Notation	Objet
E	Sous-domaine
Γ	Interface globale (collecte toutes les interactions dont les grains candidats et antagonistes appartenant à différents sous-domaines)
V	Vecteur global des vitesses des grains
V_E	Vecteur local des vitesses des grains des sous-domaines E
v_E	Vecteur des vitesses relatives au niveau de contact des sous-domaines E
v_Γ	Vecteur des vitesses relatives au niveau de contact de l'interface globale Γ
r	Vecteur global des impulsions de contact au niveau local
r_E	Vecteur des impulsions des sous-domaines E
r_Γ	Vecteur des impulsions de l'interface globale Γ
R_E^d	Vecteur des efforts extérieurs au niveau global exercés sur sous-domaines E
R_E	Vecteur des impulsions assemblées au niveau global provenant des interactions internes r_E
$R_{E\Gamma}$	Vecteur des impulsions assemblées au niveau global provenant des interactions de Γ agissant sur E

TABLE 4.1 – Notations liées à la sous structuration

Le vecteur global des vitesses des grains V est alors considéré comme la concaténation des vecteurs locaux des sous-domaines V_E :

$$V = \begin{bmatrix} \dots \\ V_E \\ \dots \\ V_{E'} \\ \dots \end{bmatrix} \quad (4.1)$$

Les interfaces entre sous-domaines sont alors constituées d'interactions ; l'assemblage de toutes celles-ci constitue l'interface globale Γ. Les impulsions r sont donc constituées des impulsions internes à chaque sous-domaine et des impulsions de l'interface globale :

$$r = \begin{bmatrix} \dots \\ r_E \\ \dots \\ r_{E'} \\ \dots \\ r_\Gamma \end{bmatrix} \quad (4.2)$$

De plus, les autres variables peuvent être écrites sous les formes suivantes :

4.1. SOUS STRUCTURATIONS PRIMALE / DUALE

$$R_E = H_E r_E \tag{4.3}$$

Identiquement :

$$R_{E\Gamma} = H_{E\Gamma} r_\Gamma \tag{4.4}$$

Et :

$$v_E = H_E^T V_E \tag{4.5}$$

$$v_\Gamma = \sum_E H_{\Gamma E}^T V_E \tag{4.6}$$

où l'indice ΓE signifie les actions du sous-domaine E agissant sur l'interface globale Γ ou l'inverse.

L'assemblage de la dynamique des grains du sous-domaine E s'écrit :

$$m_E V_E = m_E V_E^i + R_E^d + R_E + R_{E\Gamma} \tag{4.7}$$

En remplaçant les expressions de la dynamique des interactions dans (4.7), on obtient d'une part sur le sous-domaine E :

$$v_E = \underbrace{H_E^T(V_E^i + m_E^{-1} R_E^d)}_{v_E^d} + \underbrace{(H_E^T m_E^{-1} H_E)}_{W_E} r_E + \underbrace{(H_E^T m_E^{-1} H_{E\Gamma})}_{W_{E\Gamma}} r_\Gamma \tag{4.8}$$

d'autre part, sur l'interface global Γ :

$$v_\Gamma = \underbrace{\sum_E H_{\Gamma E}^T (V_E^i + m_E^{-1} R_E^d)}_{v_\Gamma^d} + \underbrace{\sum_E (H_{\Gamma E}^T m_E^{-1} H_{\Gamma E})}_{W_\Gamma} r_\Gamma + \sum_E \underbrace{(H_{\Gamma E}^T m_E^{-1} H_E)}_{W_{\Gamma E}} r_E \tag{4.9}$$

Il est donc possible de se limiter à deux sous-domaines E et E' pour simplifier la présentation dans la suite. Alors, l'équation pour le sous-domaine E est :

$$v_E = v_E^d + W_E r_E + W_{E\Gamma} r_\Gamma \tag{4.10}$$

De même, pour le sous-domaine E' :

$$v_{E'} = v_{E'}^d + W_{E'} r_{E'} + W_{E'\Gamma} r_\Gamma \tag{4.11}$$

Pour l'interface globale Γ :

$$v_\Gamma = v_\Gamma^d + W_\Gamma r_\Gamma + W_{\Gamma E} r_E + W_{\Gamma E'} r_{E'} \tag{4.12}$$

CHAPITRE 4. DÉCOMPOSITION DE DOMAINE

On peut donc réécrire les équations précédentes de la façon suivante :

$$\begin{bmatrix} v_E \\ v_{E'} \\ v_\Gamma \end{bmatrix} = \begin{bmatrix} v_E^d \\ v_{E'}^d \\ v_\Gamma^d \end{bmatrix} + \begin{bmatrix} W_E & 0 & W_{E\Gamma} \\ 0 & W_{E'} & W_{E'\Gamma} \\ W_{\Gamma E} & W_{\Gamma E'} & W_\Gamma \end{bmatrix} \begin{bmatrix} r_E \\ r_{E'} \\ r_\Gamma \end{bmatrix} \quad (4.13)$$

4.2 Solveur DDM-NLGS

En utilisant la résolution NLGS, les opérateurs W sont séparés en parties triangulaires inférieures ainsi que le complément [39] :

$$W_E = W_E^L + (W_E - W_E^L).$$

L'équation (4.13) devient :
$$\begin{bmatrix} W_E^L & 0 & 0 \\ 0 & W_{E'}^L & 0 \\ W_{\Gamma E} & W_{\Gamma E'} & W_\Gamma^L \end{bmatrix} \begin{bmatrix} r_E \\ r_{E'} \\ r_\Gamma \end{bmatrix} - \begin{bmatrix} v_E \\ v_{E'} \\ v_\Gamma \end{bmatrix} =$$

$$= - \begin{bmatrix} v_E^d \\ v_{E'}^d \\ v_\Gamma^d \end{bmatrix} - \begin{bmatrix} (W_E - W_E^L) & 0 & W_{E\Gamma} \\ 0 & (W_{E'} - W_{E'}^L) & W_{E'\Gamma} \\ 0 & 0 & (W_\Gamma - W_\Gamma^L) \end{bmatrix} \begin{bmatrix} r_E \\ r_{E'} \\ r_\Gamma \end{bmatrix} \quad (4.14)$$

Théoriquement, l'information que chaque sous-domaine E envoie à l'interface globale Γ est :

$$W_{\Gamma E} r_E = H_{\Gamma E}^T \underbrace{m_E^{-1} H_E r_E}_{w_E} = H_{\Gamma E}^T w_E \quad (4.15)$$

Et dans l'autre sens, de l'interface globale Γ à tous les sous-domaines E :

$$W_{E\Gamma} r_\Gamma = H_E^T m_E^{-1} \underbrace{H_{E\Gamma} r_\Gamma}_{R_{E\Gamma}} = H_E^T m_E^{-1} R_{E\Gamma} \quad (4.16)$$

La non-régularité du comportement (3.6) doit de plus être ajoutée pour fermer le problème. Ce comportement est local à chaque interaction ; il est donc présent à la fois dans les sous-domaines E et dans l'interface globale Γ.

Le traitement par décomposition de domaine (DD-NLGS) est décrit dans l'algorithme 1. n_{SD} est le nombre de sous-domaines, n_{DDM} est le nombre d'itérations externes sur la décomposition de domaine, n et m sont les nombres d'itérations internes de Gauss-Seidel sur le problème associé à chaque sous-domaine et associé à l'interface.

Plus précisément, l'algorithme de décomposition de domaine conduit à ajouter une nouvelle boucle, avec un niveau d'itérations d'indice j dans l'algorithme global. Les contacts sont classés dans une liste suivant le numéro de leur sous-domaines, voir Fig. 4.4. Les contacts de l'interface globale sont traités à la fin pour assurer la synchronisation des informations. Afin d'assurer ce flux d'échange, il convient de faire tourner un nombre suffisamment grand d'itérations, nommé

4.2. SOLVEUR DDM-NLGS

n_{DDM}. A l'intérieur, on parcourt la liste des contacts de chaque sous-domaine par des itérations du solveur NLGS, noté n pour les sous-domaines et m pour l'interface globale. En pratique, on utilise le solveur nommé *solve-nlgs* de la plate-forme de LMGC90 sans aucun développement au sein de celui-ci.

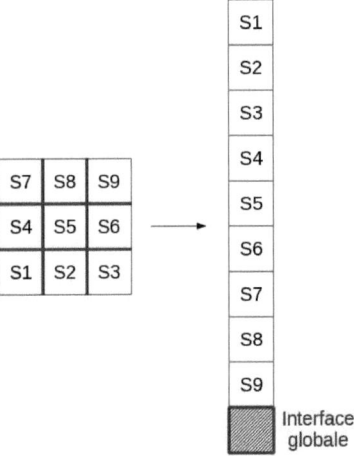

FIGURE 4.4 – Classement des sous-domaines en liste, mise en place dans la boucle DDM : résolution séquentielle des sous-domaines et l'interface globale.

CHAPITRE 4. DÉCOMPOSITION DE DOMAINE

Algorithm 1 DDM-NLGS, En bleu : parties ajoutées, En rouge : parties modifiées (par rapport à l'algorithme séquentiel sans décomposition de domaine)
    Boucle sur les pas de temps
    for $i = 1, 2 \ldots$ **do**
        Détection et stockage des contacts potentiels
        Calcul des vitesse libres
        Partitionnement du domaine (**outil de DDM**)
        Boucle sur les itération DDM
        for $j = 1, 2 \ldots n_{\text{DDM}}$ **do**
            for $E = 1, 2 \ldots n_{\text{SD}}$ **do**
                Résolution NLGS pour les contacts des sous-domaines E, avec n itérations NLGS :
$$\begin{cases} W_E^L r_E^i - v_E^i = -v_E^d - W_{E\Gamma} r_\Gamma - (W_E - W_E^L) r_E^{i-1} \\ \mathcal{R}(r_E^i, v_E^i) = 0 \end{cases}$$
                Calcul des erreurs numériques dans les sous-domaines E
            end for
            Résolution NLGS pour les contacts de l'interface globale Γ, avec m itérations NLGS :
$$\begin{cases} W_\Gamma^L r_\Gamma^j - v_\Gamma^j = -v_\Gamma^d - \sum_E W_{\Gamma E} r_E - (W_\Gamma - W_\Gamma^L) r_\Gamma^{j-1} \\ \mathcal{R}(r_\Gamma^j, v_\Gamma^j) = 0 \end{cases}$$
            Calcul des erreurs numériques dans l'interface globale Γ
            Test de convergence
        end for
        Calcul des grandeurs nodales (actualisation des vitesses, des positions)
    end for

Chapitre 5

Parallélisation

CHAPITRE 5. PARALLÉLISATION

Introduction

La parallélisation permet généralement de traiter des problèmes de manière simultanée, dans le but d'effectuer le plus grand nombre d'opérations sur une durée en temps la plus courte possible. Pour ce faire, la parallélisation doit comporter plusieurs étapes : il faut trouver identifier les phases parallélisables (voire réécrire le problème sous une forme différente), puis découper le problème en tâches indépendantes. Il faut ensuite définir un ordre d'exécution et associer à chacune des tâches un processeur chargé de son exécution. Le parallélisme s'avère donc difficile mais nécessaire aux demandes actuelles de grandes puissances de calcul. Avec une localité des données, l'identification de phases parallèles de taille conséquente est plus aisée dans une méthode de décomposition de domaine.

Actuellement, on peut trouver de nombreux codes de calcul de structures utilisant une technique de parallélisation et une méthode de sous-structuration, capables de traiter des problèmes de plus en plus importants et de plus en plus réalistes. Le travail de cette thèse s'insère exactement dans ces stratégies. La partie qui suit va détailler plus précisément pourquoi l'on a choisi OpenMP, et non MPI pour nos simulations. On montrera également les critères d'évaluation de la performance parallèle et l'algorithme numérique utilisant cette technique parallèle.

5.1 OpenMP versus MPI ?

5.1.1 Principe

On décrit ici le choix fait concernant l'implémentation parallèle dans une architecture à mémoire partagée. Ce choix a une forte influence sur le code informatique, sur le gain recherché, la machine de calcul à disposition et sur le temps que l'on peut consacrer au développement complet.

En effet, écrire un programme séquentiel qui procède efficacement au découpage en sous-domaines d'un milieu granulaire et qui réalise convenablement la résolution non régulière des contacts à l'intérieur de chaque sous-domaine est déjà un travail difficile, la parallélisation le rendra encore plus délicat. L'utilisation d'OpenMP permet d'ajouter simplement des directives et des variables dans le code séquentiel pour mettre en place le parallélisme. La communication entre processeurs est réalisée directement par des mécanismes de synchronisation qui sont à la charge du compilateur. Alors qu'avec MPI, le programmeur doit ré-écrire le code en gérant lui-même l'échange d'informations entre les processeurs.

D'autre part, la méthode proposée requiert d'actualiser régulièrement les contacts au cours de calcul y compris la détection, la résolution et l'actualisation. L'intérêt de ce travail réside dans la parallélisation partielle de l'étape de résolution numérique des contacts, car cette partie du code consomme la majeure partie du temps CPU (environ 80 % du temps total), [82]. Cette parallélisation partielle ne permet au code que d'atteindre une performance limitée. L'amélioration de la performance parallèle exige en priorité une optimisation du code séquentiel, et dépend éventuellement peu du modèle de parallélisme choisi. Cela nous conduit à opter pour la simplicité, et la fiabilité de la version d'OpenMP contre la complexité de MPI.

5.1. OPENMP VERSUS MPI ?

Concernant l'architecture utilisée, la programmation par mémoire partagée est une solution adaptée à des machines multiprocesseurs dont le nombre de processeurs est limité. Cela permet d'exploiter un nombre suffisant de tâches et de réduire le temps nécessaire à la gestion du parallélisme. Inversement, la programmation par mémoire distribuée permet d'utiliser plus de processeurs, et d'augmenter le parallélisme potentiel. Parmi eux, le choix d'OpenMP semble parfaitement s'accorder à nos contraintes industrielles où les machines de calcul ont au maximum 12 processeurs et permet également d'éviter de gérer trop de communications entre eux.

Du point vue de l'investissement temporel, pour un travail à court terme, l'application d'OpenMP nous permet d'avoir un développement complet de logiciel et valoriser cet outil de calcul dans un environnement industriel.

En résumé, on utilise alors une technique de parallélisation en mémoire partagée utilisant OpenMP afin d'implémenter aisément la méthode de décomposition de domaine couplée au solveur *Non Linear Gauss-Seidel* basé sur l'approche *NSCD* dans la plate-forme LMGC90. Cette stratégie permet de réduire le temps de simulation et la performance de l'algorithme appliqué à ce modèle, dite performance parallèle qui sera évaluée ultérieur.

5.1.2 Critères d'évaluation de la performance parallèle

La performance d'un algorithme parallèle est évaluée via le temps d'exécution. Ce temps peut être défini comme le temps qui s'écoule depuis l'instant où le premier processeur démarre son calcul jusqu'à ce que le dernier processeur complète son exécution. Pendant l'exécution, sur la base de la technique OpenMP, chaque processeur peut être dans trois états différents ce qui conduit à trois composantes du temps d'exécution, [24, 80] :

– **Temps de calcul** : ce temps représente le temps qu'un processeur passe effectivement à exécuter le calcul directement utile pour l'application,
– **Temps d'attente** : c'est le temps d'inactivité du processeur provoquée par l'attente soit d'un achèvement, soit d'une synchronisation. Sa présence est le signe doit d'un déséquilibre de charge entre les processeurs, soit d'un mauvais entrelacement des calculs. Il doit être le plus faible possible,
– **Temps de communication** : le temps utilisé par le processeur pour gérer et réaliser les communications. Il est proportionnel au volume des communications. Pour un fonctionnement efficace d'un programme parallèle, ce temps doit être le plus petit possible.

Le temps parallèle est tout simplement le résultat de l'addition des trois types de temps décrits ci-dessus. Afin de mesurer ce type de temps, on utilise dans le cadre d'implémentation la fonction d'OpenMP, dite **OMP_GET_WTIME**. Il s'agit de temps de restitution en secondes depuis un point arbitraire dans le passé qui est propre à chaque processeur.

Une fois le temps d'exécution mesuré, on détermine par la suite deux indicateurs : *speedup* et *efficiency* pour évaluer le comportement parallèle d'OpenMP.

Le *speedup* (l'accélération), S_p est défini comme le rapport du temps d'exécution avec l'algorithme séquentiel T_s divisé par le temps d'exécution avec l'algorithme parallèle T_p sur p processeurs.

$$S_p = \frac{T_s}{T_p}$$

Plus précisément, T_p est le maximum des temps d'exécution mesurés sur chacun des processeurs. On compare toujours le *speedup* obtenu par un programme parallèle au *speedup optimal*. L'accélération optimale se produirait théoriquement lorsque $S_p = p$.

L'efficiency (l'efficacité), E_p est défini comme le rapport de l'accélération de l'algorithme sur p processeurs divisée par le nombre de processeurs.

$$E_p = \frac{S_p}{p} = \frac{T_s}{T_p \times p}$$

E_p est souvent exprimé par un pourcentage qui représente l'utilisation moyenne des processeurs par rapport à une parallélisation parfaite. Une parallélisation parfaite signifie que tous les processeurs sont en permanence utilisés pour effectuer des opérations utiles pour l'application (E_p se rapproche de 100%).

Un algorithme parfaitement parallèle présenterait une accélération égale au nombre de processeurs utilisés. En pratique cela n'est (presque) jamais le cas. Du point vue d'une parallélisation, on peut recenser cinq causes majeures de perte d'efficacité parallèle, [24, 80, 22, 92, 94].

- **la fraction séquentielle** est la partie non parallélisable (ou non parallélisée) de l'algorithme. On peut décomposer le temps de calcul de tout code parallèle en la somme d'une partie séquentielle incompressible et d'une partie parallélisable,
- **le déséquilibre des charges**, peut être la plus grande cause d'inefficacité. Le temps d'exécution d'un algorithme parallèle est limité par le temps d'exécution du processeur ayant la charge de calcul la plus importante. Dès que la charge de travail est mal répartie entre les processeurs, certains se retrouvent "désœuvrés" tandis que les autres continuent de calculer. Un équilibre des charges de calcul tout au long de la simulation est indispensable à l'efficacité parallèle,
- **les contraintes algorithmiques** sont de deux types. D'une part, l'algorithme séquentiel optimal peut être impossible à paralléliser tel quel. Sa parallélisation implique alors de le modifier en un algorithme moins performant. D'autre part, de manière à éviter de trop nombreuses communications, il est courant d'effectuer plusieurs fois le même calcul sur plusieurs processeurs plutôt que de le faire sur un seul processeur qui redistribue ensuite les résultats aux autres. Même s'ils sont moins coûteux que des communications, ces calculs redondants contribuent en totalité à la perte d'efficacité,
- **l'implémentation parallèle** induit des surcoûts par rapport au code séquentiel : procédures et opérations additionnelles, utilisation de registres et tableaux supplémentaires, partitionnement du problème, etc,
- **les communications** entre processeurs contribuent toutes à la diminution de l'efficacité de l'algorithme.

Dans le cadre de travail on sera principalement concerné par les quatre premiers points. En effet, un algorithme, a un *bon comportement parallèle* si son S_p est le plus proche de p et son E_p proche de 100%. Un fonctionnement efficace d'un programme parallèle nécessite un bon équilibre de charge entre les processeurs (ici, le nombre de contacts du sous-domaine sur chaque processeur), un compromis entre le nombre de tâches et le nombre de processeurs utilisé (ici, un nombre de sous-domaines dédié à un nombre de processeurs), et notamment un parallélisme potentiel de l'algorithme.

5.2 Solveur DDM-NLGS-OpenMP

L'application de la stratégie numérique proposée dans les parties précédentes a nécessité des développements dans la plate-forme LMGC90. En principe, les sous-domaines sont simultanément traités par différents processeurs, l'interface globale est résolue dans une étape particulière pour obtenir un *algorithme synchrone*, voir Figure C.4 - ANNEXE C.

Le traitement complet (DDM-OpenMP-NLGS) est décrit par l'algorithme 2. n_{SD} est le nombre de sous-domaines, n_{DDM} est le nombre d'itérations externes sur la décomposition de domaine, n et m sont les nombres d'itérations internes de Gauss-Seidel sur le problème associé à chaque sous-domaine et associé à l'interface.

En pratique, le choix de la technique OpenMP nécessite d'ajouter dans le programme global une boucle en parallèle sur les sous-domaines. Cet étape est réalisée à l'aide des directives **!$OMP PARALLEL** et **!$OMP DO** qui permettent à un processeur de gérer tous les contacts d'un sous-domaine. Chaque processeur va ainsi effectuer les résolutions NLGS des contacts qui lui sont rattachés. Une fois cette résolution finie, i.e. les couples (r, v) obtenus, les contacts sont alors automatiquement visibles par tous les autres processeurs. La difficulté consiste à définir correctement les variables qui sont partagées par tous les processeurs ou propres (privées) à chacun d'eux.

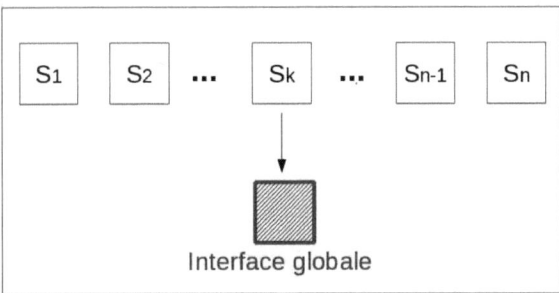

FIGURE 5.1 – Procédé de la résolution parallèle des sous-domaines dans la boucle DDM : $j = 1, 2 \ldots n_{DDM}$.

CHAPITRE 5. PARALLÉLISATION

Algorithm 2 DDM-NLGS-OpenMP, En bleu : parties ajoutées, En rouge : parties modifiées

Boucle sur les pas de temps
for $i = 1, 2 \ldots$ **do**
    Détection et stockage des contacts potentiels
    Calcul des vitesse libres
    Partitionnement du domaine (**outil de DDM**)
    Boucle sur les itération DDM
    for $j = 1, 2 \ldots n_{\text{DDM}}$ **do**
        Boucle en parallèle sur les sous-domaines E
        !$OMP PARALLEL PRIVATE(...) ...
        !$OMP DO ...
        for $E = 1, 2 \ldots n_{\text{SD}}$ **do**
            Résolution NLGS pour les contacts des sous-domaines E, avec n itérations NLGS :
$$\begin{cases} W_E^L r_E^i - v_E^i = -v_E^d - W_{E\Gamma} r_\Gamma - (W_E - W_E^L) r_E^{i-1} \\ \mathcal{R}(r_E^i, v_E^i) = 0 \end{cases}$$
            Calcul des erreurs numériques dans les sous-domaines E
        end for
        !$OMP END DO
        !$OMP END PARALLEL
        Résolution NLGS pour les contacts de l'interface globale Γ, avec m itérations NLGS :
$$\begin{cases} W_\Gamma^L r_\Gamma^j - v_\Gamma^j = -v_\Gamma^d - \sum_E W_{\Gamma E} r_E - (W_\Gamma - W_\Gamma^L) r_\Gamma^{j-1} \\ \mathcal{R}(r_\Gamma^j, v_\Gamma^j) = 0 \end{cases}$$
        Calcul des erreurs numériques dans l'interface globale Γ
        Test de convergence
    end for
    Calcul des grandeurs nodales (actualisation des vitesses, des positions)
end for

Troisième partie

Paramètres de contrôle et validations

Chapitre 6

Convergence versus contrôle ?

CHAPITRE 6. CONVERGENCE VERSUS CONTRÔLE

Introduction

Les simulations numériques apparaissent comme un formidable outil pour accéder à des informations concernant le comportement des procédés industriels. Toutefois, du point de vue numérique, on s'attend à des difficultés. En effet la dynamique multicontacts dans des échantillons de plusieurs milliers de grains soumis à des chargements cycliques comportent des crises locales particulièrement sensibles aux différents paramètres, physiques (géométrie, sollicitations, lois de contact...) et numériques (nombre de pas de temps et d'itérations, zones d'alerte, détection,...). Face à ces problèmes, il s'avère nécessaire de réaliser des études paramétriques dédiées à la physique du système pour vérifier la qualité des solutions numériques obtenues.

Dans ce chapitre, on aborde tout d'abord la sensibilité numérique de la simulation en terme des critères de convergence. Ensuite, on identifie des indicateurs, essentiellement macroscopiques, permettant de valider la qualité en terme physique des calculs effectués. Un cas test illustre la démarche proposée ici et justifie le choix des indicateurs.

6.1 Non pertinence des critères de convergence

6.1.1 Problème test "Stabilisation0.34"

L'échantillon est préparé selon un protocole particulier (ANNEXE A) : un dépôt géométrique sous gravité sur une durée importante afin d'éviter des gradients de force dans l'échantillon.

Configuration géométrique L'échantillon de $1\,m \times 4\,m \times 0.6\,m$ en trois dimensions modélise une portion de voie limitée à un blochet soumise à un processus de stabilisation dynamique durant $0.34\,s$. Il est composé de 28 608 polyèdres respectant la granulométrie du ballast, [89], Figure 6.1, et d'environ 120 500 contacts frottants entre grains.

Paramètres numériques Le coefficient de frottement est pris à $\mu = 0.7$ entre grains ; $\mu = 2$ entre grains et blochet ; $\mu = 0.8$ entre grains et plans. La masse volumique des grains est de $2700\,kg/m^3$.

L'essai de type stabilisation dynamique consiste en l'application sur le blochet d'une force verticale de $120\,kN$ d'amplitude, d'un déplacement latéral de $0.005\,m$ d'amplitude et d'une vibration de $30\,Hz$ de fréquence. Les autres paramètres sont :
- l'intervalle de temps [0, T] avec $T = 0.34\,s$, partitionné en 1667 pas de temps de $2.10^{-4}\,s$,
- la précision requise (équivalente à la tolérance de convergence indiquée dans LMGC90) variant de 2.10^{-3} à 9.10^{-3}.

Le cas test est réalisé ici en utilisant le solveur NLGS de référence de la plate-forme LMGC90, sans aucun autre développement.

6.1. NON PERTINENCE DES CRITÈRES DE CONVERGENCE

FIGURE 6.1 – Schéma géométrique de l'échantillon "Stabilisation0.34" dans la simulation numérique : 28 614 grains, environ 120 500 contacts frottants, représentatif d'une portion de voie sous l'action de la stabilisation dynamique reproduite virtuellement par une force verticale de 120 kN, un déplacement de 0.005 m d'amplitude et une vibration de 30 Hz de fréquence.

CHAPITRE 6. CONVERGENCE VERSUS CONTRÔLE

6.1.2 Convergence ?

Les simulations de granulats sous chargement cyclique nécessitent de déterminer les paramètres optimums, tels que le pas de temps, le nombre minimal d'itérations NLGS, le seuil de convergence, pour effectuer des calculs avec la meilleure précision pour un temps de calcul acceptable.

En ce qui concerne la taille de pas de temps, on a choisi pour tous les calculs dans cette thèse $H = 2.10^{-4}$ s. Selon les études effectuées dans [89], [82], [8], hors d'autres paramètres, ce pas de temps est suffisamment petit pour obtenir un calcul "propre".

Concernant le nombre d'itérations et la norme de convergence, un compromis est à trouver entre eux. En effet, le nombre d'itérations dépend de la précision souhaitée qui s'accorde à la tolérance choisie. La diminution de la tolérance entraînera une hausse significative du nombre d'itérations et du temps de calcul, et inversement, une faible valeur du nombre minimal d'itérations n_{NLGS} n'assure pas une qualité suffisante de la solution. Alors, pour pouvoir réaliser un ensemble de plusieurs simulations, on commence d'abord avec une gamme de tolérances ($tol = 2.10^{-3} \div 9.10^{-3}$) plus grande que la valeur conseillée dans la plate-forme ($tol_{indicative} = 1, 6.10^{-5}$). L'intérêt est d'analyser la pertinence des critères de convergence existant dans la plate-forme pour notre problème cyclique industriel.

En pratique, l'algorithme NLGS requiert un nombre minimum d'itérations pour diffuser l'information à tout le domaine. Dans la version standard de LMGC90, un minimum de 20 itérations est imposé pour tout le calcul. Néanmoins, ce seuil n'est pas suffisant, selon [89] et [82], 200 itérations au moins sont nécessaires. Aucune règle n'est vraiment valable pour caler ce paramètre : Jean propose une formule : (n_{NLGS} minimal = $\sqrt{n_c}$) où n_c est le nombre de contacts, mais une telle valeur peut parfois n'être pas suffisante lorsque le nombre de contacts devient important et il appartient alors à l'utilisateur d'être vigilant. Ces remarques sont corroborées par les résultats obtenus sur notre cas test, Figure 6.2 et 6.3.

Sur ces deux graphiques, on constate que le nombre d'itérations NLGS varie souvent autour de la valeur 200, voire 100 pour une tolérance relaxée, $tol = 9.10^{-3}$. Cependant, ce nombre augmente parfois très vite et atteint une valeur considérable jusqu'à 9000 ($\gg \sqrt{n_c} = \sqrt{120500} \simeq 350$). Ces pics apparaissent lorsque le calcul doit itérer beaucoup plus qu'au pas de temps précédent pour obtenir une valeur de la solution plus précise.

Il est évident que plus le nombre d'itérations NLGS est grand, meilleure est la précision du calcul. Néanmoins, cela entraine une durée de simulation importante. Les critères en énergies sont alors ajoutés pour estimer et choisir une solution qui semble raisonnable par rapport à la précision souhaitée. On analyse ci-dessous le comportement de ces critères durant le calcul.

Les figures 6.4, 6.5 et 6.6 montrent l'évolution au cours du temps des critères moyen MeanD-VoR et quadratiques QuadDV, QuadDVoR. A remarquer que les violations liées aux énergies de référence doivent être inférieures à une certaine tolérance fixée (ici, $tol = 2.10^{-3} \div 9.10^{-3}$), mais d'après les formules données (section 3.3), le critère est satisfait quand le rapport de l'erreur sur la tolérance est inférieur à 1. C'est ce rapport qui est représenté sur les figures 6.4, 6.5 et 6.6.

On peut voir que les valeurs de MeanDVoR sont bien toujours inférieures à 1, alors que celles de QuadDV y sont parfois supérieures, et celles de QuadDVoR sont parfois 100 fois plus grandes.

6.1. NON PERTINENCE DES CRITÈRES DE CONVERGENCE

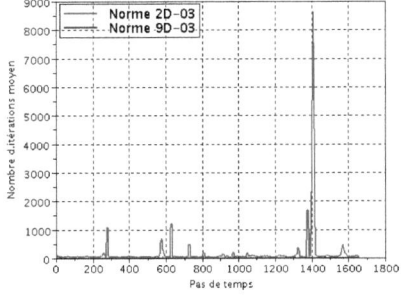

FIGURE 6.2 – Évolution du nombre d'itérations moyennée sur 10 pas de temps consécutifs pour atteindre les précisions désirées, 2.10^{-3} et 9.10^{-3}

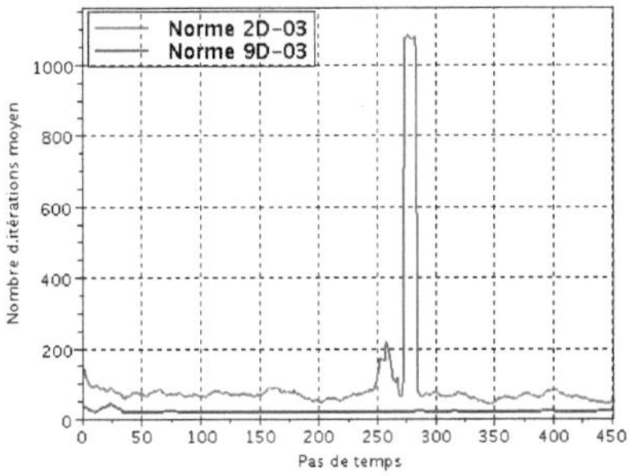

FIGURE 6.3 – Un zoom sur le schéma gauche.

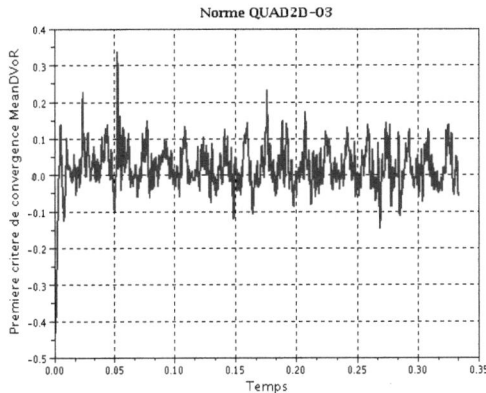

FIGURE 6.4 – Évolution du premier critère de convergence Mean DVoR (Norme 2.10^{-3})

CHAPITRE 6. CONVERGENCE VERSUS CONTRÔLE

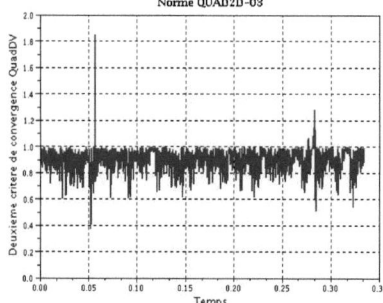

FIGURE 6.5 – L'évolution du deuxième critère de convergence Quad DV (Norme 2.10^{-3}).

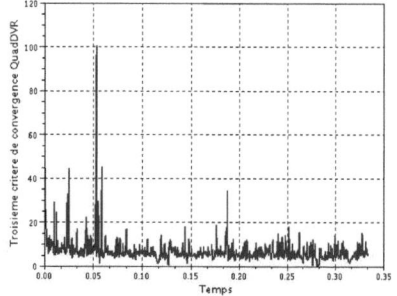

FIGURE 6.6 – L'évolution du troisième critère de convergence Quad DVR (Norme 2.10^{-3}).

En effet, pour des raisons de simplification, le critère moyen est omis, les critères quadratiques sont généralement plus difficiles à satisfaire.

6.1.3 Bilan

L'étude précédente montre que les critères de convergence proposés dans la plateforme, basés sur des niveaux d'énergie, ne sont pas faciles à manipuler : certains sont peu exigeants, d'autres le sont trop. A l'exception de quelques pas de temps où le nombre d'itérations peut "exploser", ce nombre d'itérations est assez stable. La multiplicité des solutions possibles sur ce type de problème non-régulier est bien entendu une source de variation brutale du nombre d'itérations sans amélioration sensible de la qualité de la solution finalement atteinte. Enfin le coût de calcul d'un critère est de l'ordre du coût d'une itération. Ceci justifie dans la plateforme le calcul du critère, non à chaque itération, mais après un nombre donné d'itérations.

Pour échapper donc à cette sensibilité numérique, on peut envisager d'effectuer un nombre fixe d'itérations sur plusieurs pas de temps au cours desquels des indicateurs permettent de qualifier le comportement mécanique au sein de l'échantillon. En cas de dégradation des indicateurs le nombre d'itérations peut être relevé pour la phase suivante.

6.2 Contrôle de la qualité du calcul

Afin de qualifier la solution, il est utile de disposer d'une gamme d'**indicateurs** de *"qualité"* caractérisant par ailleurs l'état mécanique du système ballasté. Ces grandeurs macroscopiques sont

6.2. CONTRÔLE DE LA QUALITÉ DU CALCUL

calculables sans trop de coût de calcul et participent non seulement au contrôle de l'algorithme mais également à l'analyse du comportement physique du système.

6.2.1 Indicateur numérique : interpénétration

L'interpénétration, autrement dit **le pourcentage des erreurs en volume**, exprime l'accumulation d'interpénétration entre les grains dans une certaine zone ballastée, notée *jauge*. Cet indicateur a un statut particulier par rapport aux suivants. Il n'est pas réellement physique puisque l'interpénétration est a priori physiquement interdite. Il s'agit d'un indicateur numérique inhérent à la stratégie numérique basée sur une formulation en vitesse de la loi de contact unilatérale discrétisée en temps ([17], [71],[70]). Il est déterminé par le rapport entre le volume total issu des interpénétrations (V_p) et le volume de la jauge (V_t), [90] .

$$p = \frac{V_p}{V_t} * 100\%$$

Un calcul est numériquement *propre*, ou *contrôlé*, si l'interpénétration entre grains est négligeable. En pratique la valeur de p doit être inférieure de 2 % environ.

6.2.2 Indicateurs mécaniques

La compacité , notée ρ, permet de définir si un échantillon est dense ou lâche. Elle est calculée comme le rapport du volume occupé par les grains (V_g) sur le volume total (V_t), [90] :

$$\rho = \frac{V_g}{V_t}$$

Cet indicateur joue un rôle très important dans notre étude, son évolution au cours du temps montre la qualité des processus physiques mis en jeu par les opérations de maintenance dans la zone ballastée étudiée.

Le nombre de coordination est le nombre de grains voisins qui transmettent des efforts de contacts. Le nombre de coordination moyen d'un échantillon, noté z, est alors défini comme le rapport entre le nombre des grains voisins (z_i) et le nombre total des grains dans la jauge (n_b). Il nous informe sur la qualité du compactage local de notre échantillon et donc sur sa probable stabilité. Plus sa valeur est grande, plus le mouvement du grain est alors limité par ses voisins [90].

$$z = \frac{1}{n_b} \sum_{i=1}^{n_b} z_i$$

Les deux paramètres, *nombre de coordination* et *compacité*, qualifient la densité de notre échantillon. Néanmoins, notons que ces deux paramètres ne sont pas corrélés au sens où l'on ne peut pas exprimer l'un en fonction de l'autre.

CHAPITRE 6. CONVERGENCE VERSUS CONTRÔLE

Le réseau de contacts peut être décomposé en contacts simples, doubles ou triples entre grains, Figure 6.7. Ce réseau assure la transmission des forces entre les grains et l'évolution du nombre de chaque type de contact caractérise la réorganisation dans le ballast. En effet, plus le nombre de contacts doubles et triples augmente, plus stable est le système.

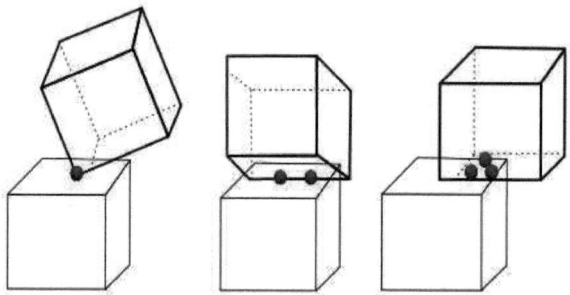

FIGURE 6.7 – Représentation schématique en 3D des types de contacts grain-grain : simple (sommet-face), double (arête-face), triple (face-face)

Le paramètre d'inertie I, grandeur sans dimension, fournit un autre indicateur de l'état mécanique d'un milieu granulaire confiné. Il détermine si le système est dans un régime statique, quasi-statique, dynamique ou très dynamique, [47], [100], [9, 26, 98].

$$I = \dot{\epsilon}\sqrt{\frac{m}{p.d}}$$

où :
- $\dot{\epsilon}$ est vitesse de cisaillement,
- m est la masse moyenne d'un grain,
- p est la pression moyenne dans l'échantillon ou la jauge,
- d est le diamètre moyen des grains.

L'état *statique* correspond à des valeurs de I très inférieures à 10^{-3} (I < 10^{-3}). Au contraire, l'état *dynamique* est associé à des valeurs de I supérieures à 10^{-1} (I > 10^{-1}). Les valeurs intermédiaires, entre 10^{-3} et 10^{-1}, identifient l'état *quasi-statique* (10^{-3} < I < 10^{-1}).

En pratique, on calcule [90] :

$$I = \dot{\epsilon}\sqrt{\frac{m}{\sigma}}$$

où :

- $\dot{\epsilon} = \frac{\sqrt{\epsilon_x^2 + \epsilon_y^2 + \epsilon_z^2}}{h}$ est la vitesse de cisaillement déterminée par la déformation totale de la jauge divisée par un pas de temps h,
- $\overline{m} = \frac{\sum V_i * 2700}{n}$ est la masse moyenne d'un grain, calculée comme le rapport entre la somme des masses des grains ($m_i = V_i * 2700$, avec V_i : volume d'un grain, $2700\ kg/m^3$: masse volumique d'un grain de ballast) et le nombre de grains n dans la jauge.
- $\overline{\sigma} = \frac{|\sigma_1 + \sigma_2 + \sigma_3|}{3}$ est la pression moyenne sur un grain, autrement dit *contrainte moyenne*, représentée par la moyenne des 3 valeurs propres du tenseur de contraintes normalisée par le volume.

Autres paramètres remarquables. D'autres grandeurs peuvent être utilisées lors des cas tests, telles que :
- **le tassement vertical du blochet** induit par des sollicitations dynamiques cycliques (passage des trains),
- **la vitesse maximale et la vitesse moyenne** des grains dans une jauge.

En bref, l'utilisation de cette gamme "paramètres" contribue à exhiber la qualité des solutions du point de vue mécanique. Le problème test "Stabilisation4.98" est traité dans la suite pour illustrer le rôle de ces indicateurs dans l'étude du comportement global des échantillons.

6.3 Pertinence des indicateurs

6.3.1 Instrumentation numérique du problème "Stabilisation4.98"

Configuration géométrique et paramètres numériques. Ce cas test utilise l'échantillon "Stabilisation0.34" présenté au début de ce chapitre. Néanmoins, comme le but de cette partie est de se focaliser sur le comportement mécanique mis en jeu dans le ballast, on effectue un processus de stabilisation dynamique de plus longue durée. Les paramètres numériques appliqués dans ce cas test sont également identiques à ceux introduits à la section 6.1.1 à l'exception de,
- l'intervalle de temps [0, T] avec $T = 4.98\ s$, discrétisé en 24 900 pas de temps de $2.10^{-4}\ s$,
- la tolérance choisie de référence, $tol = 0,1664.10^{-4}$.

Démarche d'analyse. Le cas test est réalisé ici en utilisant le solveur NLGS de référence de la plate-forme LMGC90, sans aucun développement. Les données sorties sont analysées *par jauge autour du blochet* à l'aide de l'outil POST3D. Cet outil est une librairie de fonctions, écrite en langage *Fortran*, qui permet de calculer les grandeurs mécaniques d'une zone ballastée rectangulaire quelconque définie par les coordonnées de ses extrémités. L'évolution des paramètres est accessible sur la durée d'une simulation. Au total 7 jauges ont été définies et représentées sur les figures suivantes, 6.8, 6.9, 6.10, 6.11, 6.12, 6.13.

CHAPITRE 6. CONVERGENCE VERSUS CONTRÔLE

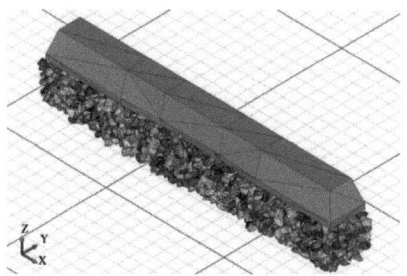 

FIGURE 6.8 – Zone sous le blochet (*Jauge 2*)

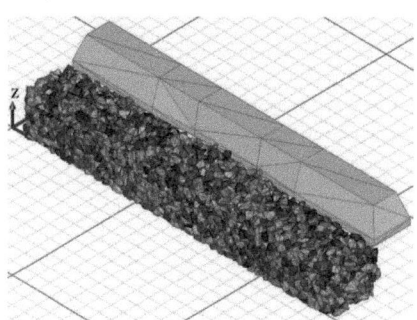 

FIGURE 6.9 – Zone en dessous, à gauche (*Jauge 1*)

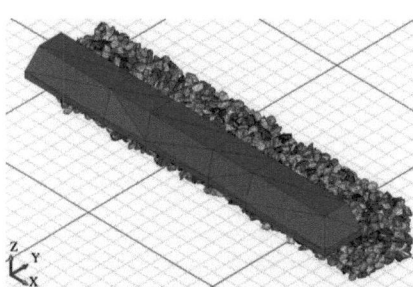 

FIGURE 6.10 – Zone en dessous, à droite (*Jauge 3*)

6.3. PERTINENCE DES INDICATEURS

FIGURE 6.11 – Zone en dessus, à droite (*Jauge 4*)

FIGURE 6.12 – Zone en dessus, à gauche (*Jauge 5*)

FIGURE 6.13 – Zone devant ou derrière le blochet (*Jauge 6, ou Jauge 7*)

CHAPITRE 6. CONVERGENCE VERSUS CONTRÔLE

6.3.2 Comportement des zones ballastées dans l'optique des indicateurs

L'application d'une stabilisation dynamique a pour l'objectif d'augmenter la résistance latérale et de rétablir la durabilité de la voie. Cela s'exprime par l'augmentation au cours du temps de la compacité de la zone ballastée aux deux extrémités du blochet, Figure 6.14. En effet, sous l'action des vibrations, les grains se réorganisent d'une manière favorable en induisant un accroissement de $\frac{0.012}{0.3} = 4\%$ de compactage dans la jauge.

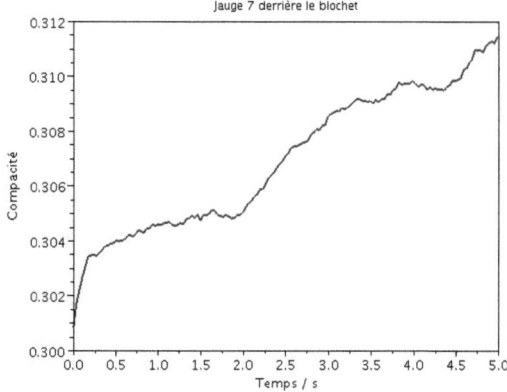

FIGURE 6.14 – Evolution de la compacité de la zone derrière le blochet, jauge 7.

Au cours des chargements, le ballast est compacté, le blochet s'enfonce donc de quelques centimètres. Sur la figure 6.15 est représenté le tassement vertical du blochet en fonction du temps. La charge verticale appliquée entraine un tassement du blochet de 1.9 cm.

Sur le graphique de la Figure 6.16, nous avons représenté l'évolution au cours du temps du paramètre d'inertie I de la zone ballastée à côté du blochet (jauge 5).

L'augmentation de I et également sa valeur moyenne $1, 6.10^{-1}$ (supérieure à 10^{-1}) traduisent le régime *dynamique* suivi dans cette zone. En outre, il apparaît quelques augmentations brutales du paramètre d'inertie en lien avec une crise dynamique locale au sein de la jauge. Afin de corroborer cette hypothèse, on analyse les graphiques représentant l'évolution du nombre de coordinations et du nombre de contacts simples de la jauge 5.

Plusieurs constatations s'imposent.
– Les pics apparaissant sur un intervalle de temps entre 1.5 s et 2 s sur le graphique d'évolution du paramètre I (Fig. 6.16) s'accordent très bien aux chutes du nombre de coordination et du nombre de contacts simples. Ces signaux correspondent à une perte de l'équilibre local,

6.3. PERTINENCE DES INDICATEURS

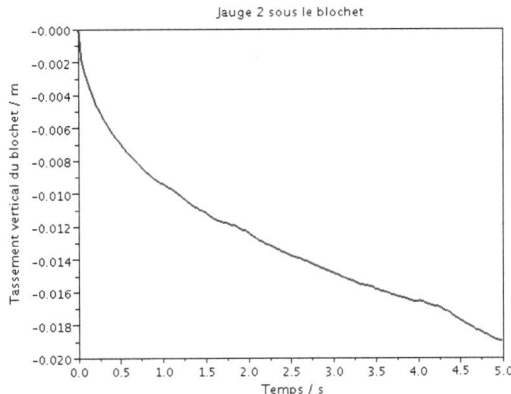

FIGURE 6.15 – Evolution du tassement vertical du blochet.

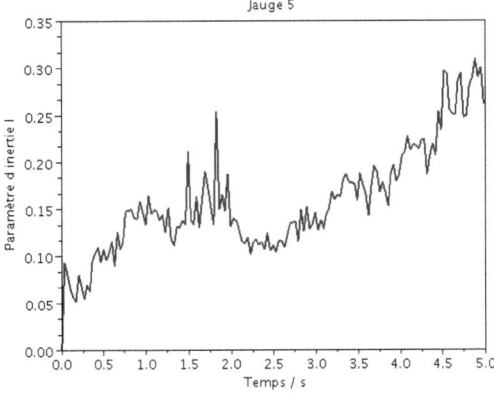

FIGURE 6.16 – Evolution du paramètre d'inertie I de la zone à côté du blochet, jauge 5.

CHAPITRE 6. CONVERGENCE VERSUS CONTRÔLE

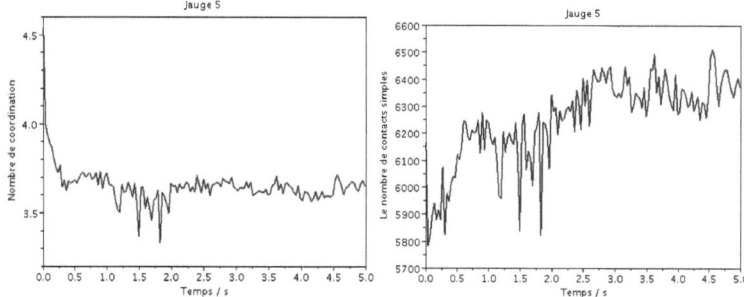

FIGURE 6.17 – Nombre de coordinations de la zone à côté du blochet, jauge 5.

FIGURE 6.18 – Nombre de contacts simples de la zone à côté du blochet, jauge 5.

défavorable à la formation des contacts persistants doubles et triples à ce moment-là.

- La tendance d'abaissement du nombre de coordination représentant une diminution du compactage local, et la tendance d'accroissement du nombre de contacts simples, traduisent également un réarrangement des grains. Plus le nombre de contacts simples est grand, plus le ballast bouge facilement. Concrètement, du côté numérique, la valeur moyenne du nombre de contacts simples est 6251,7 contre 980,4 contacts doubles et 68.4 contacts triples.
- Les variations de ces paramètres sont liées aux vibrations du chargement appliqué qui entraine la réorganisation des grains. Leurs valeurs augmentent légèrement après chaque crise en créant de nouveaux contacts contribuant à une nouvelle stabilisation du système.

Ainsi, le paramètre d'inertie I permet de caractériser d'une manière générale l'état mécanique d'une zone ballastée. En analysant les autres grandeurs, notamment le nombre de coordination et le nombre de contacts simples, on peut comprendre le comportement sous l'action des charges de cette zone. L'étude d'autres jauges montre la pertinence de cet indicateur.

On observe sur la figure 6.19 trois états d'évolution de paramètre d'inertie I de trois zones ballastées différentes. Les zones à côté du blochet (jauge 7 et 4) subissent directement les vibrations appliquées, elles sont donc les plus agités ayant un état *dynamique*, voire *très dynamique* avec la valeur moyenne de 1.5 pour I ($\gg I_{seuil} = 0.1$). Au contraire, les zones se situant en dessous mais non directement sous le blochet (jauge 3) où les grains sont confinés, sont peu influencées par le chargement. Elles n'ont donc pas de mouvements internes importants même si leurs réseaux de contacts sont significatifs (environ 8600 contacts simples, 2700 contacts doubles et 300 contacts triples). La valeur moyenne de $2,3.10^{-2}$ de paramètre I représente l'état *quasi-statique* de ces zones-là. On obtient des conclusions semblables en regardant l'évolution des vitesses moyennes des grains dans ces jauges, Figure 6.20.

Enfin, il apparaît une similitude de comportement mécanique des zones ballastées autour du

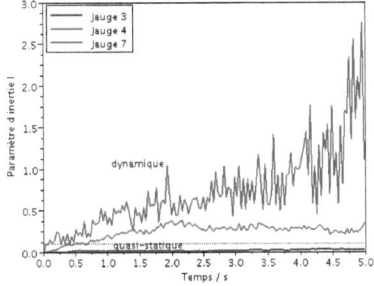 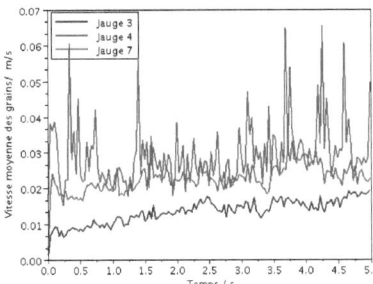

FIGURE 6.19 – Evolution du paramètre d'inertie I de plusieurs zones dans l'échantillon.

FIGURE 6.20 – Evolution de la vitesse moyenne de plusieurs zones dans l'échantillon.

blochet que l'on peut expliquer par la symétrie des jauges choisies. Par exemple, la jauge 4 à côté du blochet a une valeur de I similaire à celle de jauge 5, Figure 6.19 et 6.16 ($2, 5.10^{-1}$ 2.10^{-1}) ; remarque identique pour les jauges 1 et 3, 6 et 7.

Les indicateurs mécaniques sont d'autant plus acceptables que la solution numérique permettant de les calculer satisfait la condition d'interpénétration. On constate que le pourcentage des erreurs en volume obtenue par la résolution itérative est bien inférieur à 2 %, Figure 6.21. De plus cette erreur a tendance à diminuer au cours du processus. Ceci est du à la sollicitation dynamique induisant des successions de pertes de contact et de reprises de contact ne permettant pas l'accumulation d'interpénétration. Dans des situations plus confinées et moins dynamiques cette dernière conclusion ne serait peut-être pas avérée.

6.3.3 Bilan

D'autres grandeurs peuvent être utilisées dans ce type d'étude, comme le nombre de grains en contact avec le blochet, le réseau fort et faible. De toute façon, les indicateurs proposés ci-dessus ont montré leur pertinence dans le but de représenter le comportement mécanique des zones ballastées. Dans les différents tests que l'on sera amené à effectuer dans les prochains chapitres, ces grandeurs macroscopiques auront essentiellement un rôle de validation.

6.4 Conclusion

Dans ce chapitre, on s'est interrogé sur la pertinence des critères de convergence dans la simulation numérique du procédé industriel. La sensibilité des critères de convergence aux paramètres

CHAPITRE 6. CONVERGENCE VERSUS CONTRÔLE

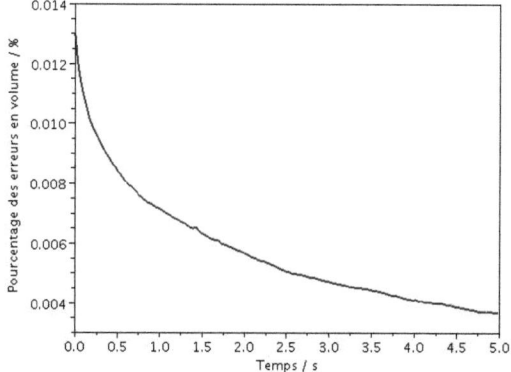

FIGURE 6.21 – Evolution de l'interpénétration totale dans l'échantillon.

numériques nous a conduit à choisir un ensemble d'indicateurs ayant pour objectif de contrôler la qualité des solutions en terme numérique et également mécanique.

Tous les éléments nécessaires suffisent à l'étude du comportement mécanique d'un milieu granulaire comme le ballast. Ils nous servent dans la suite en tant que paramètres de contrôle et de validation des méthodes d'optimisation numérique par décomposition de domaine.

Chapitre 7

Validation du solveur DDM-NLGS

CHAPITRE 7. SOLVEUR DD-NLGS

Introduction

La *validation* d'un nouvel outil numérique, ici l'algorithme 1, n'est pas une tâche aisée lorsque le problème traité n'est pas "bien posé" au sens où il admet une multiplicité de solutions. Le chapitre précédent a montré qu'une gamme de paramètres numériques et physiques permettaient de qualifier un calcul en dynamique granulaire de systèmes de grande taille. Ces indicateurs vont nous servir maintenant à valider la nouvelle stratégie numérique basée sur une décomposition du domaine. Cependant de nouveaux paramètres numériques liés à la décomposition sont à déterminer et à optimiser, puisque notre objectif est de gagner du temps de calcul en maintenant une qualité des solutions au moins identique à celle d'un calcul monodomaine.

Pour justifier nos choix et valider la stratégie proposée, un ensemble de simulations multidomaines est mis en œuvre et comparé au cas de référence monodomaine.

7.1 Problème test "Stabilisation0.02"

Configuration géométrique et sollicitation. L'échantillon comportant un seul blochet, figure 6.1, est retenu avec quelques différences dans les paramètres numériques. Le type de chargement, de type *stabilisation dynamique*, est appliqué dans cette simulation pendant une durée de temps très courte. L'intervalle de temps [0, T] avec $T = 0.02$ s, est discrétisé en 100 pas de temps de 2.10^{-4} s.

Paramètres numériques. **La solution de référence** est obtenue lorsqu'on impose **100 itérations NLGS** $n_{NLGS} = 100$ pour chaque pas de temps sur **tout le domaine**. Les paramètres numériques spécifiques à l'algorithme DDM-NLGS 1 sont,
- n_{DDM}, le nombre d'itérations du solveur DDM-NLGS,
- n, le nombre d'itérations du solveur NLGS sur chaque sous domaine,
- m, le nombre d'itérations du solveur NLGS sur l'interface globale,
- n_{SD}, le nombre de sous-domaines.

La solution DDM est obtenue en effectuant le même nombre d'itérations sur les sous-domaines et sur l'interface, $n = m$, et en faisant varier le nombre d'itérations DDM, n_{DDM}. Pour maintenir la même charge de calculs élémentaires par contacts que le calcul de référence monodomaine, il convient de maintenir le nombre global d'itérations à 100 : $n \times n_{DDM} = 100$: ($n_{DDM} = 100$, $n = 1$), ($n_{DDM} = 50, n = 2$), ($n_{DDM} = 33, n = 3$) et ($n_{DDM} = 25, n = 4$).

Pour le cas de **référence**, il est évident que le nombre de sous-domaine est égal à 1, $n_{SD} = 1$. Pour les calculs **multidomaines**, le domaine est décomposé aléatoirement en plusieurs sous-domaines auquel il convient d'ajouter l'interface : $n_{SD} = 4 + 1$, $n_{SD} = 8 + 1$, $n_{SD} = 27 + 1$, $n_{SD} = 64 + 1$, $n_{SD} = 125 + 1$. Ces nombres de sous-domaines sont successivement égaux aux produits : $2 \times 2 \times 1$, $2 \times 2 \times 2$, $3 \times 3 \times 3$, $4 \times 4 \times 4$ et $5 \times 5 \times 5$.

Démarche d'analyse. La première étude concerne l'optimisation des paramètres numériques n, m, n_{DDM}. Parmi les décompositions, on sélectionne la décomposition $3 \times 3 \times 3$ pour montrer les

7.1. PROBLÈME TEST "STABILISATION0.02"

Décomposition	Nombre de sous-domaines n_{SD}
$2 \times 2 \times 1$	4 (+ 1)
$2 \times 2 \times 2$	8 (+ 1)
$3 \times 3 \times 3$	27 (+ 1)
$4 \times 4 \times 4$	64 (+ 1)
$5 \times 5 \times 5$	125 (+ 1)

TABLE 7.1 – Décompositions de domaine suivant x, y, z et les nombres de sous-domaines correspondants.

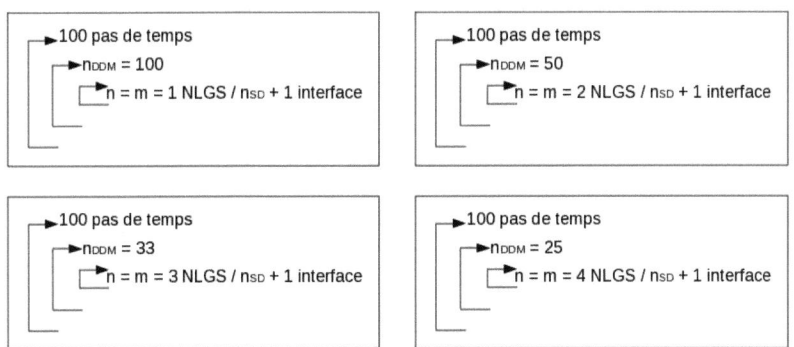

FIGURE 7.1 – Schéma d'algorithme du cas de référence et des calculs multidomaines.

CHAPITRE 7. SOLVEUR DD-NLGS

résultats, les autres cas présentent les mêmes tendances.

Après avoir choisi les paramètres numériques convenables, dans la deuxième partie, on présente l'influence du nombre de sous-domaines en analysant les indicateurs mesurables.

Le post-traitement des résultats est réalisé à l'aide de l'outil POST3D. Les grandeurs mécaniques sont calculées dans la zone sous le blochet (jauge 2, Figure 6.8).

7.2 Optimisation des paramètres numériques n, m et n_{DDM}

En principe, le nombre d'itérations n_{NLGS} du cas de référence représente le nombre de fois où tous les contacts sont parcourus. De même, pour les calculs multidomaines le produit $n_{DDM} \times n$, correspond au nombre d'itérations Gauss-Seidel du cas de référence. L'optimisation réside dans le choix de ces deux variables n_{DDM} et n dont le produit reste fixe.

L'évolution au cours du temps de plusieurs grandeurs mécaniques est représentée par les Figures 7.2, 7.3, 7.4, 7.5.

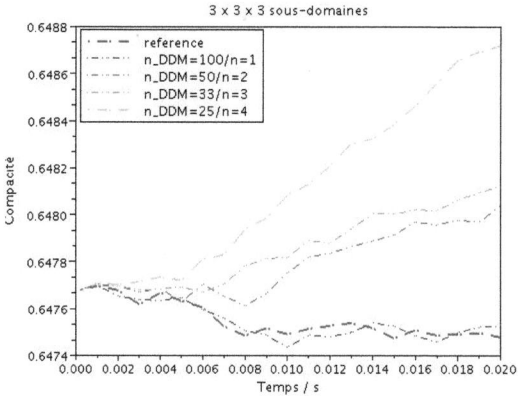

FIGURE 7.2 – Évolution de la compacité de la zone sous le blochet, jauge 2, correspondant au cas où l'échantillon est décomposé en (27 + 1) sous-domaines.

Tous les graphiques ci-dessus conduisent à la même conclusion : **la solution la plus proche de la solution de référence** au sens des indicateurs retenus est obtenue avec $n_{DDM} = 100, n = 1$. Plus précisément, la compacité a seulement 0.004% de différence ; le tassement vertical du blochet varie de 2% ; la déviation maximale est obtenue par le paramètre d'inertie avec 6% ; le nombre de contacts simples ne dévie que de 0.44%. Le choix de $n_{DDM} = 100, n = 1$ est également validé par tous les autres tests : $2 \times 2 \times 1, 2 \times 2 \times 2, 4 \times 4 \times 4$ et $5 \times 5 \times 5$.

7.2. OPTIMISATION DES PARAMÈTRES NUMÉRIQUES N, M ET N_{DDM}

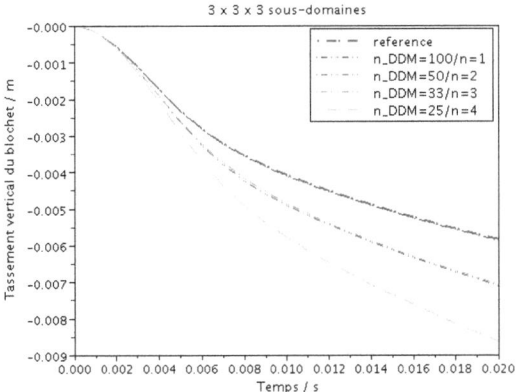

FIGURE 7.3 – Évolution du tassement vertical du blochet, correspondant au cas où l'échantillon est décomposé en (27 + 1) sous-domaines.

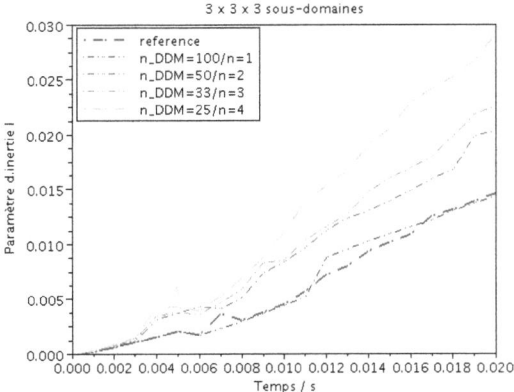

FIGURE 7.4 – Évolution du paramètre d'inertie I de la zone sous le blochet, jauge 2, correspondant au cas où l'échantillon est décomposé en (27 + 1) sous-domaines.

CHAPITRE 7. SOLVEUR DD-NLGS

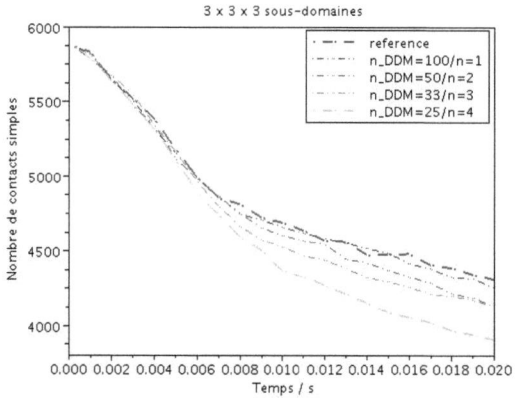

FIGURE 7.5 – Évolution du nombre de contacts simples de la zone sous le blochet, jauge 2, correspondant au cas où l'échantillon est décomposé en (27 + 1) sous-domaines.

Cependant la solution obtenue avec $n_{DDM} = 100$, $n = 1$ ne coïncide pas exactement avec la solution de référence. Le problème granulaire admettant plusieurs solutions, l'algorithme itératif de type Gauss-Seidel est sensible à l'ordre dans lequel il parcourt la liste des contacts. Or l'algorithme DDM-NLGS avec $n = m = 1$ peut être interprété comme une méthode de Gauss-Seidel avec une numérotation géométrique des contacts, d'abord dans les sous-domaines, puis dans l'interface. L'indicateur d'interpénétration illustre bien cette remarque.

La Figure 7.6 montre l'évolution de l'interpénétration au cours du temps pour $3 \times 3 \times 3$ sous-domaines. Le nombre d'itérations imposé étant faible le niveau d'interpénétration est relativement élevé.

On observe que la solution avec $n_{DDM} = 100$, $n = 1$ donne l'interpénétration la plus faible et diffère au maximum 3% du cas de référence. Cependant, pour cet indicateur le choix $n_{DDM} = 100$, $n = 1$ n'est pas le plus proche de la référence, c'est $n_{DDM} = 50$, $n = 2$ qui s'en rapproche le plus.

Il est rappelé que la fréquence d'échange entre sous-domaines via l'interface globale est fournie par le nombre d'itérations n_{DDM}. En pratique, du point de vue de la pertinence parallèle, on préfèrerait augmenter les nombres d'itérations internes n, m dans chaque sous-domaine dans le but de maintenir un grand nombre de calculs en parallèle avant de communiquer avec l'interface globale. Néanmoins, dans les premiers temps de développement, on privilègie la proximité de la solution à la référence en choisissant $n = m = 1$ et un nombre n_{DDM} raisonnable.

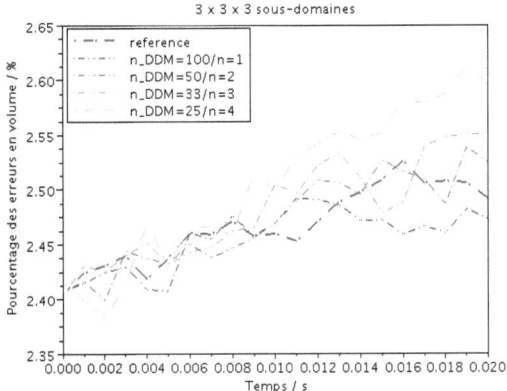

FIGURE 7.6 – Évolution d'interpénétration.

7.3 Influence du nombre de sous-domaines n_{SD}

Une fois le nombre d'itérations choisi pour chaque simulation (ici, $n_{DDM} = 100$, $n = 1$), on analyse maintenant la convergence de la solution en fonction du nombre de sous-domaines n_{SD}. La solution du solveur de référence est comparée à la solution du solveur multidomaine obtenue avec les décompositions suivantes : $2 \times 2 \times 1$, $2 \times 2 \times 2$, $3 \times 3 \times 3$, $4 \times 4 \times 4$ et $5 \times 5 \times 5$.

Les Figures 7.7, 7.8, 7.9, 7.10 montrent l'évolution des indicateurs mécaniques en fonction du temps : la compacité, le tassement vertical du blochet, le paramètre d'inertie et le nombre de contacts simples.

On peut observer que les paramètres suivent la même tendance. Les différences sont faibles, voire infimes pour le tassement vertical. Un tel résultat est très rassurant quant à l'utilisation qui pourra être faite du solveur multidomaine.

Il nous reste à examiner notre indicateur numérique et géométrique, *l'interpénétration*. La Figure 7.11 montre l'évolution de l'interpénétration sur 100 intervalles de temps.

Là encore l'évolution de l'interpénétration est très proche d'une décomposition à une autre. La dispersion maximale des solutions obtenues par rapport au cas de référence est de 0.5%. Sans en tirer une règle générale étant donné la faiblesse de cet écart, on peut même constater, dans la deuxième phase du processus, une diminution de l'interpénétration pour la décomposition la plus fine (125 sous-domaines).

CHAPITRE 7. SOLVEUR DD-NLGS

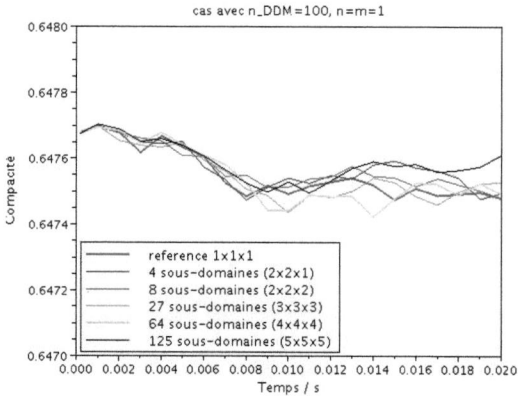

FIGURE 7.7 – Évolution de la compacité de la zone sous le blochet, jauge 2, pour différentes décompositions.

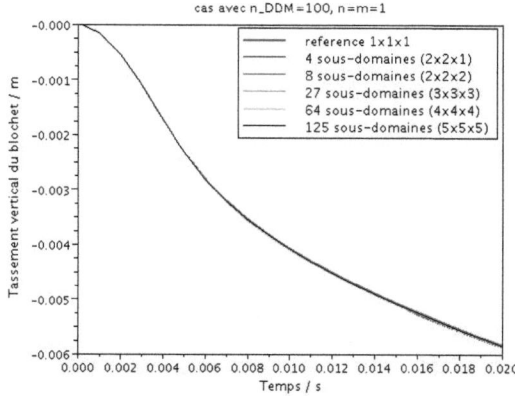

FIGURE 7.8 – Évolution du tassement vertical du blochet, pour différentes décompositions.

7.3. INFLUENCE DU NOMBRE DE SOUS-DOMAINES N_{SD}

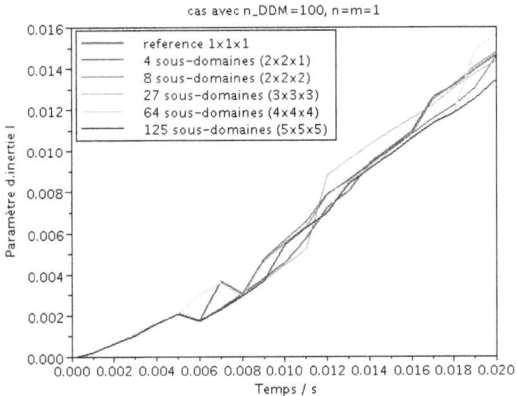

FIGURE 7.9 – Évolution du paramètre d'inertie de la zone sous le blochet, jauge 2, pour différentes décompositions.

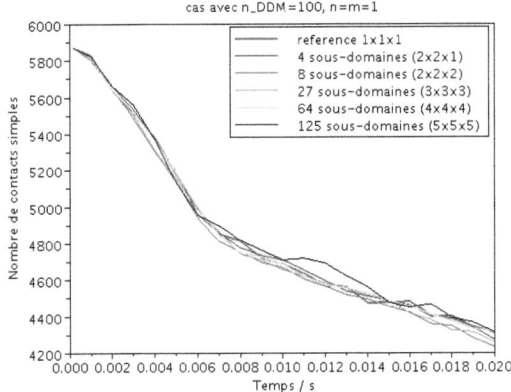

FIGURE 7.10 – Évolution du nombre de contacts simples de la zone sous le blochet, jauge 2, pour différentes décompositions.

CHAPITRE 7. SOLVEUR DD-NLGS

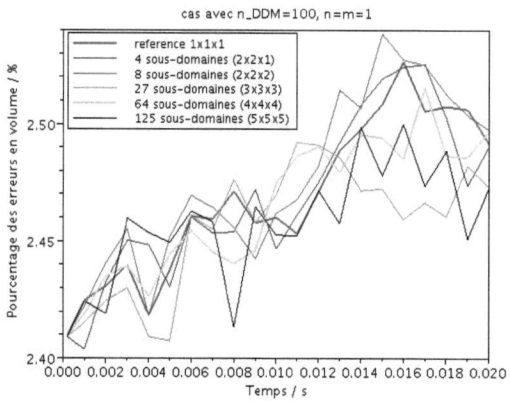

FIGURE 7.11 – Évolution d'interpénétration pour différentes décompositions.

7.4 Conclusion

Le schéma numérique incluant une méthode de décomposition de domaine se révèle être pertinent pour étudier l'évolution mécanique d'un milieu ballasté. Un jeu de paramètres permet de retrouver un comportement mécanique de l'échantillon très similaire de celui obtenu avec le solveur standard monodomaine. Il s'agit de n'effectuer qu'une seule itération du solveur NLGS par sous-domaine et sur l'interface. Ce choix, rassurant quant à la stabilité des résultats vis-à-vis de la décomposition, est utile pour une exploitation sur un ordinateur séquentiel, même s'il ne permet pas de gagner du temps d'exécution ; au moins n'en perd-on pas. Une exploitation sur un ordinateur à architecture parallèle est confortée par cette dernière conclusion. Cependant la nécessité de synchroniser les calculs par l'interface après une seule itération de NLGS par sous-domaine n'optimise pas le temps de calcul effectué en parallèle. Des études ultérieures devront montrer la possibilité d'augmenter le nombre de sous-itérations internes sur une machine multiprocesseur. Mais pour cela encore faut-il développer une version parallèle du solveur DDM-NLGS. C'est l'objet du chapitre suivant.

Chapitre 8

Validation du solveur DDM-NLGS-OpenMP

Introduction

L'objectif de ce chapitre est de montrer que le solveur DDM-NLGS-OpenMP permet de réaliser des simulations des milieux granulaires moins consommatrices en temps, tout en représentant correctement la physique du problème à résoudre.

Dans un premier temps, pour tester l'efficacité de la version parallèle, on traite un exemple simple sans relation directe avec les procédés que l'on cherche à simuler dans le cas du ballast, mais qui constitue un problème intermédiaire avant de s'attaquer au problème ferroviaire.

A la suite de ce premier cas test, nous chercherons à valider la démarche et son implantation dans le solveur DDM-NLGS-OpenMP. Pour cela, la simulation d'un échantillon représentatif d'une portion de voie réelle soumise à un cycle complet de bourrage sera l'objet de la deuxième étude.

Tous les échantillons granulaires sont créés en utilisant le logiciel LMGC90 dédié aux problèmes multicontacts.

8.1 Test académique

8.1.1 Configuration géométrique et paramètres numériques

La Figure 8.1 montre la configuration géométrique de l'échantillon. La préparation se fait en plusieurs étapes dont le principe respecte toujours le protocole décrit dans ANNEXE A.

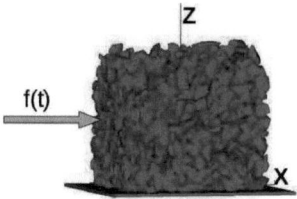

FIGURE 8.1 – Échantillon déposé : 2000 grains, environ 15 000 contacts frottants soumis à une force harmonique.

D'abord on dépose, sous gravité ($g = 9.81\ m.s^{-2}$), de manière géométrique environ 2000 grains polyédriques dans une boîte de longueur $0.56\ m$ et de largeur $0.56\ m$. La hauteur atteinte en fin de dépôt est de $0.5\ m$. Une fois la dépose de l'échantillon stabilisée, on applique sur la paroi de gauche une force harmonique

$$f(t) = F_{\max}(1 - \sin \omega t)$$

avec $F_{\max} = 5kN$, $\omega = 2\pi\nu$ et $\nu = 5Hz$. Le coefficient de frottement grains/grains est égal à 0.7 tandis que le coefficient de frottement des grains avec les parois est pris égal à 0.8.

8.1. TEST ACADÉMIQUE

Cette étude préliminaire a été réalisée avec l'implantation de l'Algorithme 2 en choisissant les paramètres numériques comme suit :
- l'intervalle de temps $T = [0, 0.02]s$ est discrétisé en 100 pas de temps de 2.10^{-4} s chacun,
- une seule itération interne NLGS est utilisée, $n = m = 1$,
- un grand nombre d'itérations DDM est choisi, $n_{\text{DDM}} = 10000$, pour caractériser la phase de résolution qui possède alors un coût dominant dans la simulation même pour cet exemple de petite taille,
- une première décomposition est mise en place avec $n_{\text{SD}} = 2 \times 2 \times 1 = 4$ sous-domaines et une interface globale.

Toutes les simulations sont réalisées sur une machine de 8 Go RAM 2 Dual-Core (2 processeurs physiques avec 2 cœurs chacun), c'est-à-dire avec 4 processeurs au maximum disponibles en parallèle. Afin d'évaluer la pertinence parallèle de la méthode proposée, on utilise deux indicateurs nommés *speed-up* et efficacité (*efficiency*) qui ont été définis précédemment. Les résultats sont comparés avec ceux obtenus avec la même décomposition, mais avec l'algorithme séquentiel.

8.1.2 Temps de calcul et performance parallèle

Les premiers résultats sont reportés sur la Figure 8.2. Les courbes obtenues illustrent le speed-up et l'efficacité correspondant d'une part à la seule résolution en sous-domaine, et d'autre part, à l'intégralité du code (dont les phases de détection, mise à jour de la base de données...)

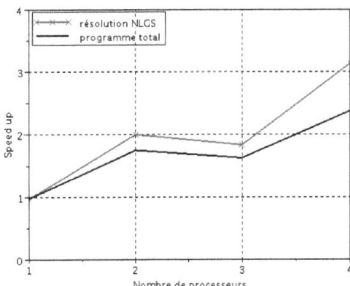
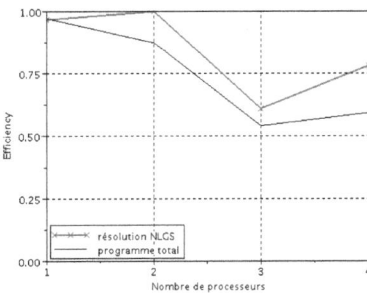

FIGURE 8.2 – Performance parallèle avec 4 sous-domaines. A gauche, speed-up en fonction du nombre de processeurs utilisés ; à droite, efficacité en fonction du nombre de processeurs utilisés

Sur ce graphique, on observe que pour la section solveur en parallèle du code (courbe rouge), le calcul utilisant 2 processeurs donne un speed-up optimal ($S_p = 2, E_p = 100\%$). Le cas où le speed-up S_p peut être égal ou supérieur au nombre de processeurs p, appelé *speed-up super-linéaire*, n'est pas observé. Ce comportement peut en effet se présenter avec un effet de mémoire cachée : par exemple, si le code parallèle bénéficie de plus de mémoire à sa disposition, la localité

CHAPITRE 8. SOLVEUR DDM-OPENMP-NLGS

des données dans la base engendrée par le partitionnement en sous-domaines améliore les performances d'accès à la mémoire et peut aller jusqu'à éviter des phénomènes de *swap* de mémoire ce qui réduit les temps d'accès. Ici, le calcul de référence permettant de calculer les indicateurs utilise déjà lui-même la localité des données (renumérotation associée à la décomposition).

Pour ce cas test, lorsqu'on augmente le nombre de processeurs, on observe des performances intéressantes lorsque 4 processeurs sont utilisés (efficacité de 78 %). Les pertes d'efficacité associées proviennent en partie d'un faible déséquilibre des charges (le sous-domaine 3 possède toujours moins de contacts que les autres, Tableau 8.1), ainsi que de la synchronisation des processeurs par le traitement séparé de l'interface globale à chaque itération.

Une perte de performance est nettement observée avec 3 processeurs car il y a alors un plus fort déséquilibre de charge dû au traitement de 4 sous-domaines par 3 processeurs, ce qui conduit l'un deux à traiter deux sous-domaines, contre 1 seul pour les autres. Cela va évidemment augmenter les temps d'attente des processeurs qui ont une charge de calcul plus faible à traiter, l'algorithme utilisé étant synchrone.

Sous-domaine	Nombre de contacts	
	Premier découpage	Dernier découpage
1	2541	2575
2	2871	2893
3	2439	2465
4	2684	2701

TABLE 8.1 – Taille des sous-domaines en nombre de contacts, pour le premier et le dernier découpage, toujours avec 4 sous-domaines.

Outre la performance du solveur parallèle, on s'intéresse également à l'efficacité de la parallélisation du programme complet. La figure 8.2 montre que la performance du programme complet ($E_p = 60\%$ pour $p = 4$) est moins élevée que celle de la seule région parallèle. Ce phénomène est dû au traitement séquentiel de plusieurs parties, telles que la mise à jour de l'interface, la détection des contacts. Si globalement les performances complètes sont encore assez élevées, ceci est aussi dû au choix de réaliser un grand nombre d'itérations DDM pour avoir une part importante des coûts localisée dans la région parallèle du code. Sur des exemples plus typiques des applications visées, on devrait donc obtenir des performances moindres de l'ensemble du code. Néanmoins, lorsque la taille du problème à traiter augmente, la part des coûts associée à la résolution augmente aussi en proportion, ce qui devrait limiter cet effet.

Pour caractériser plus finement le comportement en parallèle du programme total, avec la seule parallélisation due au solveur NLGS avec décomposition en sous-domaines, plusieurs cas tests ont été réalisés en faisant varier plus largement le nombre de sous-domaines, et avec des prises de temps plus détaillées sur les différentes régions du code. La Figure 8.3 montre le pourcentage du temps passé sur différentes régions de l'algorithme : le traitement de l'interface globale, le traitement des sous-domaines et le reste des traitements, en fonction du nombre de sous-domaines n_{SD}.

8.1. TEST ACADÉMIQUE

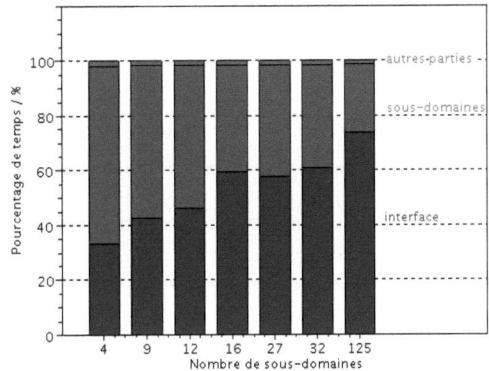

FIGURE 8.3 – Influence du nombre de sous-domaines (sur 4 processeurs) : pourcentage du temps passé dans les différentes parties de l'algorithme.

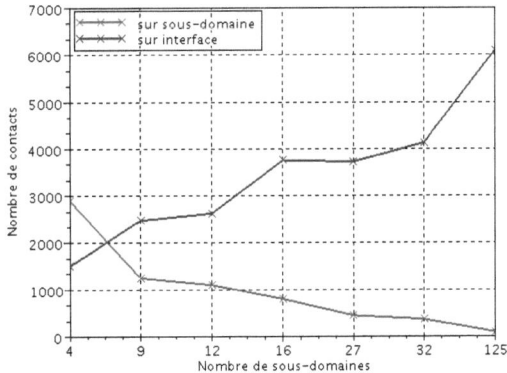

FIGURE 8.4 – Tailles de l'interface et des sous-domaines décrites par leur nombre maximal de contacts existant, pour différentes décompositions.

CHAPITRE 8. SOLVEUR DDM-OPENMP-NLGS

Plus le nombre de sous-domaines augmente, plus le temps passé sur l'interface devient important, Figure 8.3 ($\sim 35\%$ du temps pour le cas de 4 sous-domaines contre $\sim 75\%$ pour le cas de 125 sous-domaines). L'augmentation du nombre de contacts appartenant à l'interface lors de la décomposition en est la cause, voir Figure 8.4 et la décroissance de performance du programme total en est la conséquence, voir Figure 8.5.

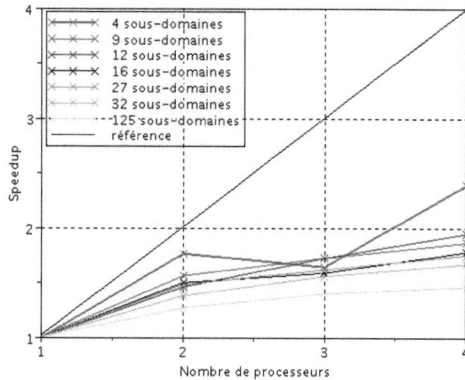

FIGURE 8.5 – Speed-up du programme complet lors la parallélisation obtenue par différentes décompositions.

Malgré cette perte de performance parallèle du programme complet, on obtient quand même un gain de temps intéressant dû à la version parallélisée par rapport au calcul séquentiel. Le Tableau 8.2 indique le temps total des simulations pour différents nombres de sous-domaines en utilisant de 1 jusqu'à 4 processeurs. Le temps reporté pour le traitement séquentiel augmente en fonction du nombre de sous-domaines à cause des modifications apportées dans l'algorithme de base (décomposition, mise à jour de la base de données...) et la différence obtenue entre la version séquentielle et la version parallèle sur 1 seul processeur indique les pertes engendrées à un bas niveau logiciel par l'utilisation d'OpenMP.

L'avantage de l'équilibre des charges entre les processeurs (traitement de 4 sous-domaines de taille plutôt équivalente sur 4 processeurs) donne le temps de calcul le plus intéressant pour le même type de problème (seulement 3263 s). En outre, des minima locaux de temps consommés sont observés, pour un même nombre de processeurs, lorsque le nombre de sous-domaines est un multiple du nombre de processeurs, par exemple : pour 4 processeurs 9 sous-domaines conduisent à 4412 s alors que 12 sous-domaines conduisent à 4180 s. Ceci confirme l'analyse précédente par l'équilibre ou le déséquilibre des charges.

Nombre de sous-domaines		Temps de calcul / s			
n_{SD}	séquentiel	1 proc.	2 proc.	3 proc.	4 proc
$4 = 2 \times 2 \times 1$	7757	7964	4427	4761	3263
$9 = 3 \times 3 \times 1$	8168	8322	5279	4772	4412
$12 = 2 \times 3 \times 2$	8082	8268	5597	4724	4180
$16 = 1 \times 4 \times 4$	8320	8482	5608	5291	4707
$27 = 3 \times 3 \times 3$	8315	8477	5665	5189	4788
$32 = 4 \times 2 \times 4$	8413	8571	6168	5459	5088
$125 = 5 \times 5 \times 5$	8824	8974	7044	6381	6106

TABLE 8.2 – Temps de calcul total pour différentes simulations

8.1.3 Bilan

La stratégie proposée utilisant une méthode de décomposition de domaine couplée à une technique de parallélisation en mémoire partagée a montré la possibilité de réduire le temps de calcul. Le premier calcul parallèle, réalisé sur un petit exemple sans analyser sa physique réelle, lancé sur un nombre limité de processus, permet de tirer des conclusions partielles. Plus précisément, dans l'optique d'un code parallélisé, pour obtenir la meilleure performance, il faut que :
- la taille de l'interface soit minimale,
- le nombre de sous-domaines soit petit, tout en étant un multiple du nombre de processeurs,
- le nombre des contacts dans chaque sous-domaine soient similaires, ce qui peut être obtenu par un découpage géométrique optimal, afin d'éviter un déséquilibre de charge entre sous-domaines.

Ces remarques sont assez classiques, et obtenues pour la parallélisation par décomposition de domaine de calcul de structures élastiques, voir [45] par exemple. Seule la deuxième remarque diffère un peu. En effet, pour les problèmes elliptiques, le volume de calculs à réaliser par sous-domaine croît fortement avec la taille de celui-ci (typiquement comme $O(n^3)$ si n est le nombre de degrés de libertés, un sous-domaine plus petit diminue donc fortement le volume local de calcul). Dans le cas de la dynamique granulaire, le coût du traitement local par sous-domaine est plus directement lié au nombre de contacts entre grains.

Afin de compléter la validation des stratégies proposées, le traitement d'un échantillon composé d'un nombre de grains important, représentatif d'une portion réelle de voie soumise à un procédé industriel sera présenté par la suite.

8.2 Test ferroviaire élémentaire "Bourrage1B1C"

Le solveur DDM-NLGS-OpenMP semble efficace pour réduire le temps de calcul dans la simulation d'un petit exemple académique. Ainsi, on souhaite dans cette partie s'intéresser aux résultats obtenus, d'une part sur le temps de résolution, mais aussi en validant la qualité physique

CHAPITRE 8. SOLVEUR DDM-OPENMP-NLGS

de la solution obtenue, dans un cas plus réaliste de dynamique granulaire traité par ce même solveur.

8.2.1 Configuration géométrique et paramètres numériques

L'échantillon considéré est cette fois-ci de dimension $2\ m \times 0.9\ m \times 0.6\ m$. Il modélise une portion de voie composé d'un blochet. La Figure 8.6 montre la géométrie de cet échantillon.

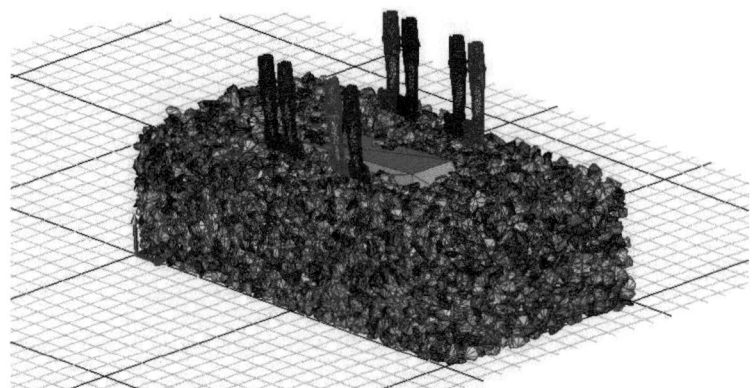

FIGURE 8.6 – Échantillon "Bourrage1B1C" : 17 000 grains, environ 46 000 contacts frottants, représentatif d'une portion de voie composée d'un blochet, sous l'action d'un cycle complet de bourrage.

L'échantillon est constitué de 17 000 grains polyédriques, et d'environ 46 000 contacts frottants, ainsi que d'un blochet et de bourroirs. Le coefficient de frottement est pris égal à $\mu = 1$ entre grains, entre grains et blochets, ainsi qu'entre grains et bourroirs, $\mu = 0.6$ entre grains et plans. L'échantillon est soumis à un cycle complet de bourrage. Ce procédé complet de bourrage dure $1.8175\ s$ en temps réel. Pour chaque phase, on applique pour chaque bourroir :
- une vitesse de pénétration de $1.6\ m/s$ avec une fréquence de vibration de $35\ Hz$ durant $0.2375 s$,
- une force de serrage de 6 kN avec une fréquence de vibration de $35 Hz$ durant $1.2 s$,
- une vitesse de retrait de $1\ m/s$ avec une fréquence de vibration de $35\ Hz$ durant $0.38 s$.

Les paramètres numériques sont choisis de la façon suivante :
- l'intervalle de temps $[0, T]$, avec $T = 1.8175\ s$ est discrétisé en 9088 pas de temps de $2.10^{-4}\ s$ chacun,

8.2. TEST FERROVIAIRE ÉLÉMENTAIRE "BOURRAGE1B1C"

- 1 itération NLGS interne est sélectionnée ($n_{NLGS} = n = m = 1$).
- 500 itérations DDM sont demandées ($n_{DDM} = 500$),
- 4 sous-domaines et une interface globale sont issus de la décomposition : $n_{SD} = 4 = 2 \times 2 \times 1$ (selon x, y, et z). Pour cette décomposition, le nombre de contacts par sous-domaine varie peu : $\sim$ 9400 à 11000 contacts et $\sim$ 5000 contacts pour l'interface.

Le calcul est lancé sur une machine de 8 Go RAM 2 Dual-Core. Seule la zone ballastée sous le blochet, constituée de 3500 contacts, sera post-traitée. Les résultats sont analysés d'une part en terme de grandeurs physiques, tels que la compacité, la vitesse moyenne et d'autre part en terme de grandeurs numériques, telles que le temps de simulation et la performance parallèle.

8.2.2 Temps de calcul et performance parallèle

Le tableau 8.3 présente le temps total du calcul et le temps passé sur les différentes parties du programme, réalisé sur 1 processeur, puis sur 4 processeurs. On remarque que la partie *résolution numérique NLGS* occupe en moyenne 72 % du temps de calcul (2162 min / 3011 min pour le cas séquentiel ; 2251 min / 3102 min pour 1 processeur), la partie *détection des contacts* environ 25 %, et 3 % pour les autres parties du code. Le pourcentage de temps important de la résolution NLGS confirme que le solveur non-linéaire consomme la majeure partie du temps total. Dans ce cas, sa parallélisation permet de diminuer assez nettement le temps de calcul. Le calcul réalisé sur 4 processeurs est environ 2 fois plus rapide que sur 1 processeur.

	Temps passé (/ min)		
	séquentiel (sans DDM, sans OpenMP)	1P	4P
Temps total	3011	3102	1830
Temps partiel *détection des contacts*	745	746	666
Temps partiel *résolution NLGS*	2162	2251	1068
Temps partiel *autres parties du code* (prédiction, actualisation,...)	104	105	96
Détail temporel dans la partie résolution NLGS :			
Parallélisation sur 4 sous-domaines		2005	817
Calcul séquentiel sur l'interface globale		246	251

TABLE 8.3 – Prises de temps d'un calcul réalisé sur l'algorithme séquentiel et l'algorithme parallèle avec 1 et 4 processeurs.

Les courbes de la figure 8.7 illustrant le speed-up et l'efficacité montrent que la partie sous-domaines possède évidemment une meilleure performance que le programme total (speed-up = 2.35 > 1.65 et efficacité = 59 % > 41 %). Le comportement en parallèle est effectivement pénalisé par le traitement séquentiel de l'interface et des autres parties du code.

Malgré un gain intéressant de temps quand la simulation est obtenue en exploitant 4 processeurs (1181 min $\sim$ 20 h), la performance parallèle reste encore faible (*speed-up* de 2.35 pour

CHAPITRE 8. SOLVEUR DDM-OPENMP-NLGS

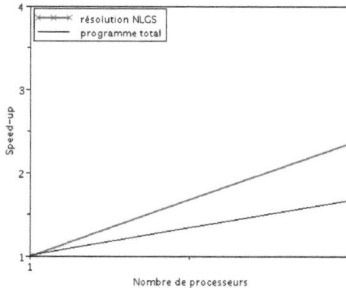 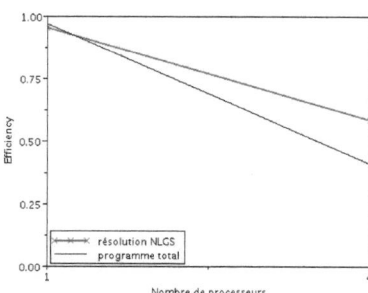

FIGURE 8.7 – Performance parallèle avec 4 processeurs

un *speed-up* optimal de 4). Ce phénomène résulte du cumul de plusieurs points particuliers, qui confirment les analyses précédentes :
- le déséquilibre des charges entre processeurs est une première cause. Plus précisément, les nombres de contacts gérés par les processeurs sont en moyenne de : 9800, 9400, 11 200 et 10 300 à chaque itération ;
- deuxièmement, la contrainte algorithmique concerne la façon de programmer, (voir Algorithme 2 - zone parallélisée par les directives **!$OMP**). Le choix d'effectuer une seule itération NLGS dans chaque sous-domaine (n = m = 1 NLGS) et plusieurs itérations n_{DDM} dans le but d'assurer la stabilité des résultats du côté mécanique, a engendré de multiple activations et désactivations de la zone parallèle. Cet étape supplémentaire provoque un surcoût temporel et induit certainement une perte d'efficacié,
- troisièmement, l'exploitation limitée par OpenMP des cœurs des processeurs peut réduire la performance.

Pour un problème de grande taille (ici, 46 000 contacts au total) et peu de processeurs ($p = 4$), la place mémoire attribuée peut-être insuffisante (ici, $0.5\ Go$ pour, en moyenne, 10 000 contacts résolus à chaque itération par processeur). Les accès aux disques (*swap*) pénalisent alors les calculs, augmentent le temps de simulation et perturbent le comportement parallèle par des synchronisations éventuelles lors des accès aux disques. Dans ce cas de figure, la simulation d'échantillons de taille conséquente comme celui-ci, devrait tirer avantage à utiliser des machines plus puissantes dont le nombre de processeurs est plus élevé, même si les performances hors phénomène de *swap* étaient prédites plus faibles.

8.2.3 Comportement mécanique du ballast

On décrit ici le comportement mécanique du ballast en analysant les indicateurs mesurables obtenus par deux versions d'implantation : l'une est le cas séquentiel de référence (aucun dévelop-

8.2. TEST FERROVIAIRE ÉLÉMENTAIRE "BOURRAGE1B1C"

pement nouveau ajouté), l'autre allie la méthode de décomposition de domaine et la parallélisation par OpenMP.

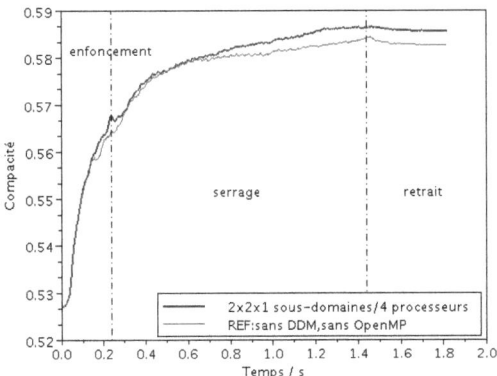

FIGURE 8.8 – Évolution de la compacité d'une zone sous le blochet.

Les figures 8.8, 8.9, 8.10 montrent l'évolution au cours du temps des indicateurs mécaniques du ballast sous le blochet. La même tendance est bien observée dans les deux cas d'implémentation. Il existe néanmoins une différence d'environ 1% à la fin de la simulation. La solution de "référence" est obtenue sans utiliser de décomposition en sous-domaines, donc avec un ordre différent de traitement des contacts. A cause de la pluralité des solutions d'un problème de dynamique granulaire, ces différences conduisent à prévoir des solutions locales différentes, bien que toutes deux physiquement admissibles. On peut noter que si on utilise une version séquentielle avec la même décomposition en sous-domaine, l'algorithme étant synchrone, on obtient bien des résultats concordant exactement avec ceux obtenus en parallèle.

On aborde ci-dessous la physique mise en jeu dans le ballast via l'étude de ces indicateurs. L'évolution de la compacité du ballast sous le blochet est présentée sur la Figure 8.8. L'évolution de cet indicateur se décompose en trois phases lors du bourrage : enfoncement, serrage et retrait.
- L'enfoncement des bourroirs est une étape cruciale du procédé de bourrage car les bourroirs se mettent en place sous le blochet. Le ballast se restructure et s'agite très fortement en favorisant la compaction de la zone active. En effet, sur la figure 8.8, on observe une nette augmentation de la compacité sous le blochet : une augmentation de 0.527 à 0.567, un gain de 0.04 pour une durée de 0.24 s de cette étape. Ce gain de compaction confirme la conclusion concernant le rôle important de l'enfoncement des bourroirs déjà mentionnée

CHAPITRE 8. SOLVEUR DDM-OPENMP-NLGS

dans [8] : la phase de pénétration peut contribuer jusqu'à plus de 50 % du gain final de compaction.
- La phase de serrage, en présence des vibrations et une force de serrage entraine une compaction encore assez importante du ballast sous le blochet. Sur le même graphique, la compacité croît de 0.567 à 0.587, un gain de 0.02 est observé à la fin de cette phase.
- Le retrait des bourroirs crée, dans le milieu granulaire des vides qui ne sont que partiellement comblés et provoque donc une très légère chute de compaction.

On peut aussi évaluer le changement d'état mécanique du système sous l'action du bourrage en analysant d'autres indicateurs comme le nombre de coordination et la vitesse moyenne du ballast.

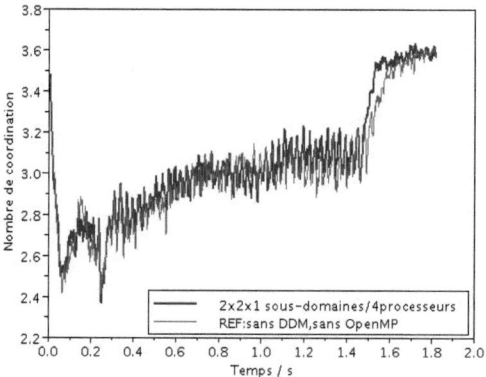

FIGURE 8.9 – Évolution du nombre de coordination d'une zone sous le blochet.

En effet, comme la compacité, le nombre de coordination z est un descripteur relatif à la connectivité du système, mais il n'est pas corrélé à la compacité. En observant la Figure 8.9, on constate que z diminue pendant la phase d'enfoncement alors que la compacité augmente. Ce contraste se répète durant le retrait des bourroirs : z augmente alors que la compacité diminue. Ces variations de z indiquent que les réarrangements sont induits par la pénétration ou le retrait des bourroirs dans la zone sous le blochet. Une forte agitation des grains peut favoriser la compaction mais défavorise la formation des contacts persistants, et inversement. Pourtant, durant la phase de serrage, la tendance est pratiquement la même pour ces deux indicateurs ; sous l'action du serrage, la compacité augmente ainsi que le réseau de contacts persistants, d'où l'augmentation du nombre de coordination.

La Figure 8.10 représente l'évolution de la vitesse moyenne du ballast sous le blochet durant le bourrage. Le mouvement des grains pendant les trois phases est clairement distinct. Les grains

8.2. TEST FERROVIAIRE ÉLÉMENTAIRE "BOURRAGE1B1C"

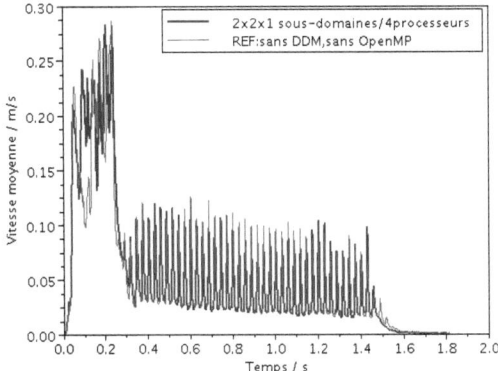

FIGURE 8.10 – Évolution de la vitesse moyenne d'une zone sous le blochet.

s'agitent énormément dès que les bourroirs descendent ($V_{moy}^{\text{enfoncement}} = 0.15\ m/s$); ensuite ils bougent périodiquement sous l'effet de serrage ($V_{moy}^{\text{serrage}} = 0.05\ m/s$); et finalement, le système se stabilise vers $V_{moy}^{\text{retrait}} = 0\ m/s$ jusqu'au moment où les bourroirs se retirent complètement.

Pour clore cette partie, deux remarques peuvent être ajoutées. La première concerne la pertinence de la version alliant méthode de Décomposition de domaine et parallélisation par OpenMP par comparaison à la version de référence. Les études paramétriques présentées ci-dessus montrent un comportement valide du système durant le bourrage. La deuxième remarque est que la version développée assure de façon qualitative et quantitative le comportement physique du système, mais aussi la validité numérique de la résolution : l'interpénétration des grains obtenue est de beaucoup inférieure au seuil demandé (< 2 %), voir Figure 8.11.

8.2.4 Bilan

L'algorithme développé a confirmé sa pertinence pour traiter des cas industriels pour une durée de temps de simulation raisonnable. Malgré une performance globale moyenne, cette méthodologie présente plusieurs avantages : une implémentation OpenMP simplifiée, la possibilité d'ajuster la charge des processeurs à la physique du phénomène et à la géométrie. De ce fait, on peut envisager des études paramétriques pour mieux comprendre le comportement d'une voie ballastée réelle. Un cas de calcul avec un échantillon composé d'un nombre important de grains et de 7 blochets sera testé dans la partie suivante.

CHAPITRE 8. SOLVEUR DDM-OPENMP-NLGS

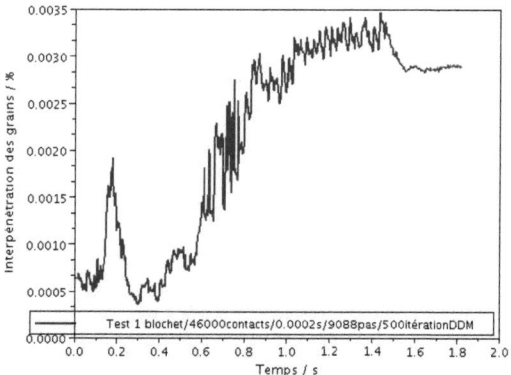

FIGURE 8.11 – Évolution de l'interpénétration des grains.

8.3 Conclusion

Les exemples traités dans ce chapitre ont permis de vérifier l'efficacité de l'algorithme développé pour l'étude du comportement mécanique des systèmes ferroviaires. En effet, la simulation numérique alliant Décomposition de Domaine et Parallélisation en mémoire partagée produit une réponse pertinente du comportement du système granulaire, et montre son aptitude à réduire significativement le temps de calcul. Néanmoins, la performance parallèle obtenue n'est pas encore maximale à cause d'une part de la décomposition choisie (par exemple, le nombre de sous-domaines, leur taille équivalente...) et d'autre part de la capacité de la machine utilisée (plus précisément, le nombre de processeurs, la taille de la mémoire...). Ces problèmes seront discutés plus avant dans la suite de l'étude. Des procédés de bourrage sur une portion de voie plus longue, traités sur un environnement multiprocesseur de plus grande puissance, seront étudiés dans le chapitre suivant.

Quatrième partie

Exploitation sur applications ferroviaires

Chapitre 9

Bourrage monocycle "Bourrage7B1C"

CHAPITRE 9. BOURRAGE MONOCYCLE "BOURRAGE7B1C"

Introduction

Le chapitre précédent a permis de valider l'outil numérique développé en terme de comportement mécanique d'un milieu granulaire et de montrer le potentiel des approches pour réduire le temps de calcul. Il a aussi dégagé une remarque concernant l'exploitation limitée des processeurs dans ce type d'étude. Dans ce chapitre, on propose d'étudier un procédé industriel à plus grande échelle : le bourrage monocycle. Les objectifs sont d'une part de réaliser une simulation de bourrage sur un échantillon composé de 7 blochets, représentatif d'une portion de voie réelle, et d'autre part d'analyser les phénomènes physiques de ce milieu granulaire.

9.1 Configuration géométrique et paramètres numériques

Un échantillon de $2 \times 3.6 \times 0.6 \ m^3$, Figure 9.1 représente une portion de voie constituée de 7 blochets avec 30 cm de ballast sous chacun. Il est soumis à un cycle complet de bourrage sur le quatrième blochet.

FIGURE 9.1 – Échantillon "Bourrage7B1C" à l'échelle réelle : 88 100 grains, environ 310 000 contacts frottants, représentatif d'une portion de la voie composée de 7 blochets soumise à un cycle complet de bourrage sur le quatrième blochet. Le procédé est réalisé de gauche à droite, ANNEXE B.

Le cycle de bourrage dure $1.76 \ s$ et pour chaque phase on applique sur chaque bourroir :
– une vitesse de pénétration de $1.6 \ m/s$ avec une fréquence de vibration de $35 \ Hz$ durant $0.2s$,
– une force de serrage de $6 \ kN$ avec une fréquence de vibration de $35 \ Hz$ durant $1.2s$,
– une vitesse de retrait de $1 \ m/s$ avec une fréquence de vibration de $35 \ Hz$ durant $0.36s$.

L'échantillon est constitué de 88 100 grains polyédriques et d'environ 310 000 contacts frottants. Le coefficient de frottement est pris à $\mu = 1$ entre grains, entre grains et blochets, ainsi qu'entre grains et bourroirs, $\mu = 0.8$ entre grains et plans.

D'après l'Algorithme 2, les paramètres numériques sont choisis de la façon suivante :

9.2. COMPORTEMENT MÉCANIQUE DU BALLAST

- l'intervalle de temps [0,T] avec $T = 1.764\,s$ est discrétisé en 8820 pas de temps ($2.10^{-4}\,s$),
- 12 sous-domaines, $n_{SD} = 12 \Leftrightarrow 2 \times 6 \times 1$ sous-domaines selon x, y, z, et une interface globale. La taille des sous-domaines varie de 15 000 à 25 000 contacts avec un écart d'environ 10 000 contacts au cours de la simulation, la taille de l'interface globales est d'environ 25 000 contacts, Fig 9.10,
- 740 itérations DDM ($n_{DDM} = 740$),
- 1 itération NLGS ($n_{NLGS} = n = m = 1$).

Le cas test est mis en place sur une machine de 32 Go RAM 12 Core, i.e. 12 processeurs au maximum en parallèle. La zone du ballast sous le blochet B4 constitué de près de 4000 contacts sera post-traitée. De ce fait, différentes analyses sur l'évolution du processus sont ensuite présentées.

9.2 Comportement mécanique du ballast

La compacité d'une zone ballastée est toujours l'un des indicateurs les plus importants dans notre étude car elle est un indicateur de la résistance mécanique verticale. On s'intéresse ici à son évolution au cours du temps. La figure 9.2 représente l'évolution de la compacité sous le blochet 4 durant le procédé. On remarque que les trois phases du bourrage sont bien distinctes.

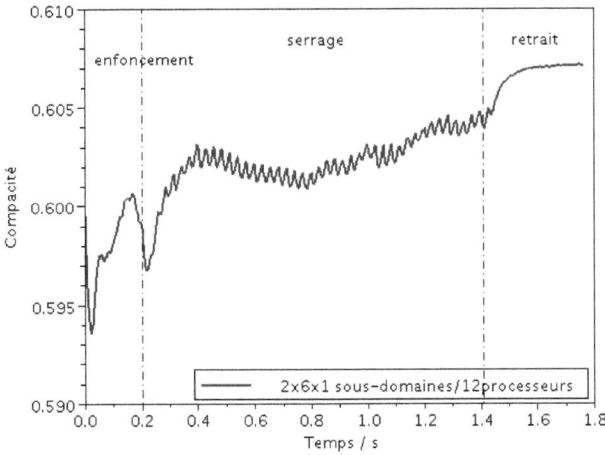

FIGURE 9.2 – Évolution de la compacité et de la vitesse moyenne sous le blochet B4.

CHAPITRE 9. BOURRAGE MONOCYCLE "BOURRAGE7B1C"

Phase d'enfoncement On observe une perte de compacité dès le début, Fig. 9.2, un accroissement à mi-parcours et une chute à la fin de la phase. Pour mieux comprendre ce phénomène, on s'intéresse au bourrage du blochet B3 précédent B4.
Le bourrage du B3 implique un réarrangement des grains autour du B4. En effet, les bourroirs s'enfoncent entre B3 et B4, ce qui entraîne des grains sous B4 vers le bas. La forme des bourroirs favorise le déplacement des grains dans la zone sous B3, et provoque une agitation dans la zone sous B4. Celui-ci induit une perte de compacité dans la zone sous B4 dès le relevage du blochet 4 (zone encadrée en pointillé, Figure 9.7).
Ensuite, dès la pénétration des bourroirs dans le lit granulaire, on remarque un phénomène de dilatance dans la zone située sous le blochet, Fig 9.3 : les grains sont poussés jusqu'à la partie inférieure au blochet. Les grains remplissent légèrement la zone, ce qui entraîne un accroissement de la compacité à mi-parcours.

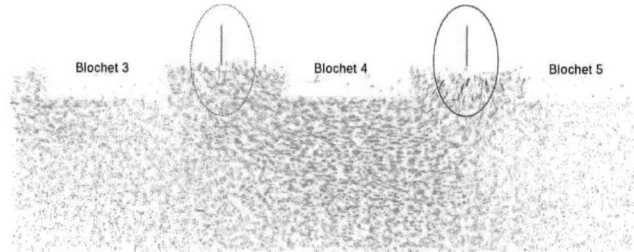

FIGURE 9.3 – État à t_0, les bourroirs pénètrent le milieu granulaire.

Pourtant, l'enfoncement des bourroirs induit localement une dissymétrie du champ de déplacement des grains. Le retrait des bourroirs durant la troisième phase de bourrage du blochet B3 engendre des vides entre B3 et B4, les bourroirs situés à "gauche" pénètrent donc plus facilement le ballast que ceux situés à "droite".
Le déplacement s'accentue progressivement de la droite vers la gauche et est maximal à la fin de l'enfoncement des bourroirs.

Phase de serrage Cette phase débute par une chute de compacité, Fig 9.2 puis fluctue en augmentant jusqu'à la fin du serrage.
Au premier temps de serrage, la dissymétrie du champ de déplacement des grains est encore présente. Les bourroirs situés à "gauche" du B4 serrent plus facilement les grains que ceux situés à "droite" impliquant un déplacement de la gauche vers la droite. Cette dissymétrie traduit une perte remarquable de compaction au début de la phase.
Après, sous l'action de la vibration et de la force de serrage, le champ de déplacement se symétrise conduisant à un gain de compacité sous B4, Fig 9.6.

9.2. COMPORTEMENT MÉCANIQUE DU BALLAST

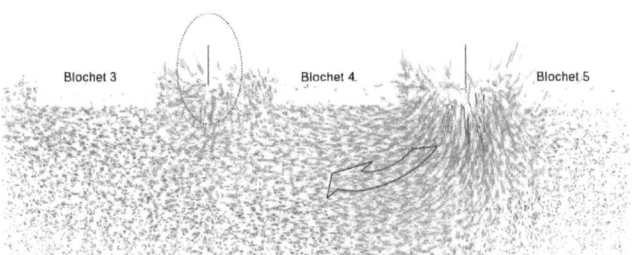

FIGURE 9.4 – État à $t_{enf} = 0.1~s$, les bourroirs sont à mi-parcours.

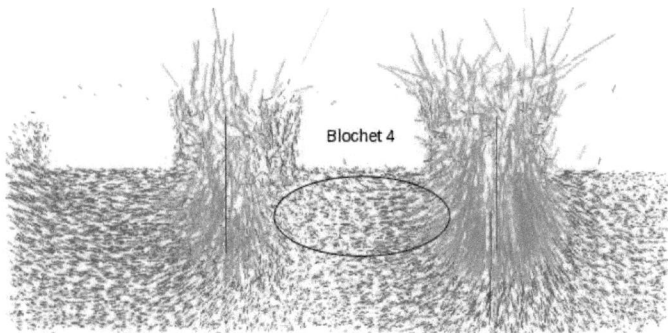

FIGURE 9.5 – État à $t_{enf} = 0.2~s$ à la fin de l'enfoncement des bourroirs.

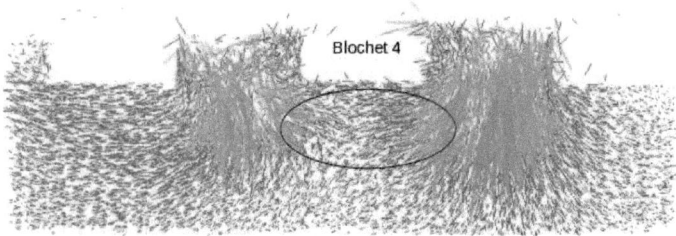

FIGURE 9.6 – État à $t_{ser} = 0.8~s$, les bourroirs sont à mi-parcours de serrage.

CHAPITRE 9. BOURRAGE MONOCYCLE "BOURRAGE7B1C"

Phase de retrait On note un gain de compaction durant cette phase. En effet, la pression entre les bourroirs dans la direction de serrage est maintenue contribuant à recompacter le ballast.

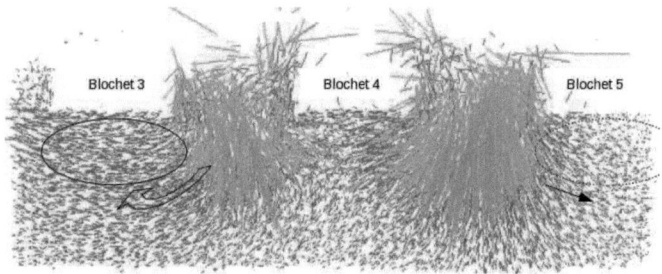

FIGURE 9.7 – Bourrage du blochet B4 : recompacte le ballast sous B3, mais perturbe le déplacement des grains sous B5. L'action obtenue identiquement lorsqu'on fait le bourrage au B3, ce qui provoque une agitation sous B4.

Effet du bourrage La figure 9.8 montre le gain final de compaction sous les 7 blochets.

Le gain de compacité sous le blochet 4 a atteint un maximum $\Delta\rho = 0{,}008$ sur $\rho_o \simeq 0,6$. Pour ce procédé, l'enfoncement des bourroirs contribue pour environ 13 % au gain final de compaction tandis que la phase de serrage accroît la compacité de 54 % et l'étape de retrait ajoute enfin 33 %.

D'autre part, on remarque l'influence du bourrage du B4 sur ses voisins : son bourrage a contribué à re-compacter le ballast sous les blochets B1, B2, B3 déjà bourrés, Fig 9.7. Inversement, il provoque un mouvement dans le lit qui défavorise la compaction dans la zone sous B5, B6 et B7.

9.3 Temps et performance de calcul

Le cas test est mis en œuvre en utilisant respectivement 1, 2, 4, 6, 8, 10 et 12 processeurs. Le tableau 9.1 présente le temps total de calcul et le temps passé sur la partie résolution NLGS des 12 sous-domaines de la simulation réalisée sur 1, 6 et 12 processeurs. On constate que le calcul sur 12 processeurs est environ 2.5 fois plus rapide que sur 1 processeur.

La Figure 9.9 représente le pourcentage du temps écoulé dans les parties traitées séquentiellement et dans la partie de résolution NLGS des sous-domaines en fonction du nombre de processeurs. On observe que pour 1 à 6 processeurs, la proportion de temps occupée par la résolution NLGS diminue fortement, passant de 75 % à 45 %. Pour 8, 10 et 12 processeurs, la décroissance est moindre et passe de 45 % à 40 %. Cela signifie que le comportement parallèle devient moins intéressant avec l'augmentation du nombre de processeurs.

9.3. TEMPS ET PERFORMANCE DE CALCUL

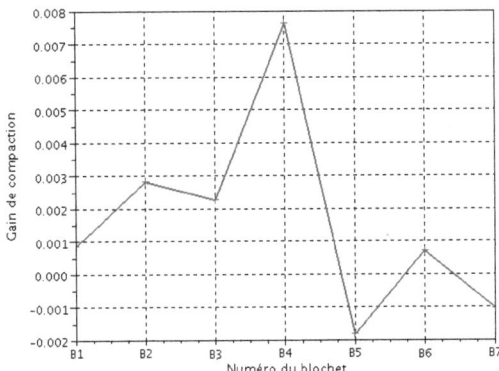

FIGURE 9.8 – Le gain de compaction sous les 7 blochets à la fin du bourrage sous le blochet 4.

	Temps passé / h		
	1 processeur	6 processeurs	12 processeurs
Temps total	213.1	98.84	**86.92**
Détection des contacts	33.1	33.3	**32.1**
Résolution NLGS des contacts	175.73	61.4	**51**
Autres parties	4.27	4.14	**3.82**
Détail temporel dans la partie résolution NLGS :			
Parallélisation sur 12 sous-domaines	157.3	42.7	**34.2**
Calcul séquentiel sur l'interface globale	18.43	18.7	**16.8**

TABLE 9.1 – Prises de temps d'un calcul réalisé sur 1, 6 et 12 processeurs.

CHAPITRE 9. BOURRAGE MONOCYCLE "BOURRAGE7B1C"

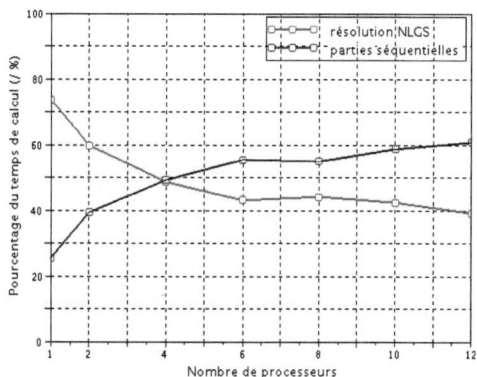

FIGURE 9.9 – Pourcentage du temps de calcul écoulé sur les parties parallèle et séquentielle en fonction du nombre de processeurs.

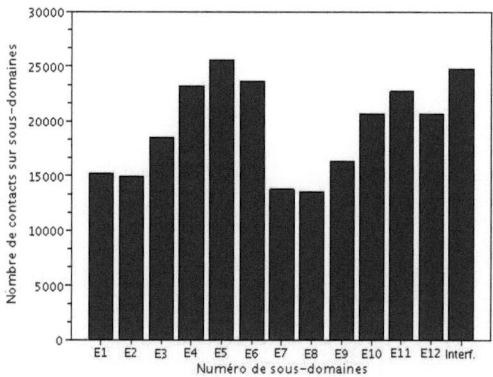

FIGURE 9.10 – Taille des sous-domaines et de l'interface globale déterminée par le nombre de contacts au premier découpage (Nombre de contacts total $\simeq$ 254 000).

9.4. BILAN

Les courbes de la figure 9.11 illustrent le *speed-up* et l'efficacité de la technique parallèle OpenMP. Là, encore : la performance parallèle reste faible pour le cas de 8, 10 et 12 processeurs. En effet, malgré un gain significatif de temps de 126.18 h (équivalent à $\sim$ 5.3 jours), le speed-up n'atteint que 4.6 pour 12 processeurs avec un surplus de 38 % d'efficacité pour la région parallèle NLGS. L'écart d'environ 10 000 contacts entre les sous-domaines au cours de simulation crée un fort déséquilibre qui influe sur ce comportement, Figure 9.10. La décomposition géométrique pénalisé par le volume important des blochets provoque cette inégale distribution des contacts entre sous-domaines. Il est donc nécessaire d'améliorer le découpage de domaine pour avoir un bon comportement parallèle. En outre, la partie additionnelle faisant appel de manière répétitive les directives !$OMP dans la boucle de résolution DDM (voir Algorithme 2) pénalise certainement la performance parallèle. Ce problème requiert lui-même une optimisation du code en terme de programmation pour pouvoir augmenter l'efficacité parallèle.

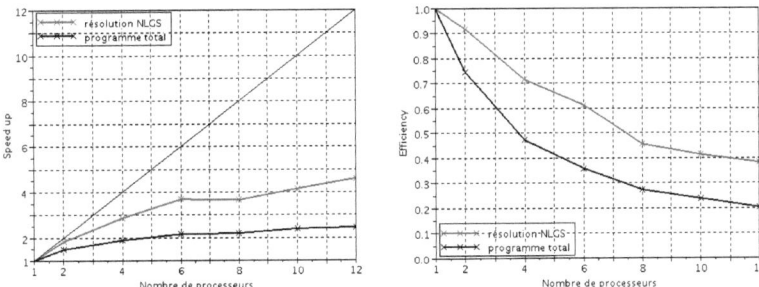

FIGURE 9.11 – Performance parallèle avec 12 processeurs/12 sous-domaines pour le calcul de 7 blochets.

9.4 Bilan

Les phénomènes physiques interagissant dans une portion de voie ballastée soumise à un cycle de bourrage sont étudiés dans ce chapitre. Cela permet de mieux comprendre l'influence de chaque étape du procédé. Deux paramètres mécaniques, compacité et gain de compaction, testés ici sont très importants et permettront de générer des orientations pour optimiser le procédé de maintenance.

Du point vue numérique, le fait de pouvoir simuler des échantillons de tailles conséquentes nous permet d'observer et d'analyser proprement l'efficacité de l'outil numérique développé qui réduit le temps de calcul. Quoi qu'il en soit, l'outil de simulation est au service de l'étude granulaire qui pourra certainement l'exploiter plus efficacement. Dans le chapitre qui suit, on propose

CHAPITRE 9. BOURRAGE MONOCYCLE "BOURRAGE7B1C"

les voies à investir pour améliorer les performances.

Chapitre 10

Tentatives de calcul adaptatif en dynamique ferroviaire

CHAPITRE 10. TENTATIVES

Introduction

La parallélisation des calculs, qu'elle passe par une stratégie de sous-structuration, par la décomposition de domaine, ou par des solveurs parallélisables comme le gradient conjugué [82, 38], n'est pas la seule voie d'optimisation numérique. Le calcul adaptatif constitue une autre stratégie largement développée en calcul des structures par éléments finis. Il peut s'agir alors d'adapter localement le maillage, c'est à dire la taille des éléments finis selon la zone en fonction d'une estimation de l'erreur, mais on peut aussi adapter la taille du pas de temps en fonction de la sollicitation. Avec les éléments discrets il n'est pas possible de modifier le maillage puisque les éléments sont fixés par la géométrie, contrairement aux problèmes de mécanique des milieux continus. Par contre il est toujours possible de jouer sur le temps, soit directement sur le pas de temps dans la section 10.2, soit sur la gestion des temps de calcul sur une machine multiprocesseur dans la section 10.4.

La difficulté en dynamique granulaire, où le problème a une multiplicité de solutions, est d'avoir un estimateur d'erreur. La section 10.3 fournit une tentative de définir un estimateur d'accumulation d'interpénétration, prélude à un contrôle du pas de temps et du nombre d'itérations.

La section 10.1 utilise la décomposition de domaine pour adapter la charge de calcul à chaque sous-domaine en fonction de sa sollicitation.

10.1 Adaptation de la charge de calcul par sous-domaines

La première étude concerne l'optimisation de la charge de calcul en adaptant le *nombre d'itérations NLGS* par sous-domaine. D'un point de vue pratique, il s'agit de prendre en compte a priori la physique du processus simulé. Ainsi dans l'exemple traité ici, certaines zones, et donc certains sous-domaines, situées loin des régions sollicitées dynamiquement par le processus, sont a priori peu influencées par celui-ci. Le calcul peut donc y être allégé. Une telle stratégie vaut surtout pour l'exécution du programme DDM-NLGS sur une machine séquentielle. En effet sur un ordinateur à architecture parallèle, si un processeur est dédié à un sous-domaine, la synchronisation des calculs aboutit à attendre le processeur le plus chargé, sans gain de temps final. A moins de désynchroniser les calculs, comme dans la section 10.4.

10.1.1 Problème test "Enfoncement7B"

L'attention est ici focalisée sur la première phase du bourrage, c'est à dire l' *enfoncement* des bourroirs, appliquée au deuxième blochet de la portion de voie à 7 blochets de la figure 10.1.

L'échantillon a une dimension de $2 \times 3.6 \times 0.6\ m^3$, est constitué de 88 100 grains et d'environ 310 000 contacts frottants, est soumis à l'enfoncement des bourroirs. Pour chaque bourroir, on applique une vitesse de 1.6 m/s de pénétration et une fréquence de 35 Hz de vibration durant 0.2 s. Le coefficient de frottement est pris à $\mu = 1$ entre grains, entre grains et blochets, ainsi qu'entre grains et bourroirs, $\mu = 0.8$ entre grains et plans.

En utilisant l'Algorithme 1, les paramètres numériques sont choisis comme suit :
– L'intervalle de temps [0,T] avec $T = 0.2\ s$ est discrétisé en 1000 pas de temps de $2.10^{-4}\ s$.

10.1. ADAPTATION DE LA CHARGE DE CALCUL PAR SOUS-DOMAINES

FIGURE 10.1 – Échantillon à 7 blochets "Enfoncement7B" : 88 100 grains, environ 310 000 contacts frottants, représentatif d'une portion de voie soumise à l'enfoncement de bourrage sur le deuxième blochet à gauche. Les blochets sont numérotés de gauche à droite.

- Le nombre d'itérations NLGS est fixé à 1 ($n_{NLGS} = n = m = 1$).
- Le domaine est décomposé en 7 sous-domaines correspondant aux zones sous chaque blochet, $n_{SD} = 7 \Leftrightarrow 1 \times 7 \times 1$ sous-domaines selon x, y, z, et une interface globale, voir figure 10.2.
- Le nombre d'itérations DDM n_{DDM} varie selon les cas détaillés sur la figure 10.2.
  - Référence : $n_{DDM} = 800$ est fixé pour tous les sous-domaines et l'interface globale,
  - Autres cas : $n_{DDM} = 800$ pour les trois premiers sous-domaines et l'interface globale. Pour les autres sous-domaines les n_{DDM} itérations ne sont pas toutes exécutées. Par exemple, pour le cas 1 : $n = 0$ lorsque le nombre d'itérations est $j > 700$ comme illustré sur la figure 10.2. La simulation 4 est singulière puisque le nombre d'itérations pour le blochet 4 (100) est nettement plus petit que pour les autres.

Les simulations test sont réalisées sur un ordinateur à architecture séquentielle. Les résultats sont évalués via l'ensemble d'indicateurs qualitatifs numériques et mécaniques, détaillés aux chapitres précédents. Les trois indicateurs typiques seront discutés ci-dessous : le pourcentage des erreurs en volume (interpénétration), la compacité et le paramètre d'inertie.

10.1.2 Analyse des résultats

Du côté numérique. Les indicateurs sont représentés dans l'intervalle des valeurs minimale et maximale obtenues sur tout l'échantillon. Les figures 10.3 et 10.4 montrent l'interpénétration des grains sous les blochets 3 et 4 pour les 5 cas de simulation. Les calculs sont tous corrects

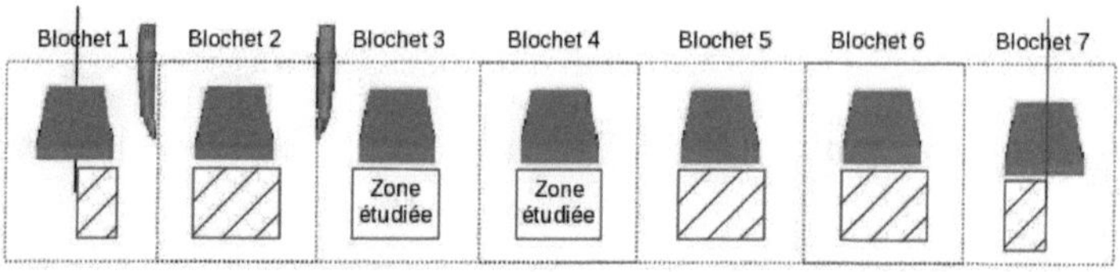

CHAPITRE 10. TENTATIVES

	Blochet 1	Blochet 2	Blochet 3	Blochet 4	Blochet 5	Blochet 6	Blochet 7
Réf	800	800	800	800	800	800	800
Cas 1	800	800	800	700	700	700	700
Cas 2	800	800	800	700	600	500	400
Cas 3	800	800	800	700	500	300	200
Cas 4	800	800	800	100	200	300	400

FIGURE 10.2 – Identification des zones étudiées sous les blochets et distribution d'itérations DDM par sous-domaine (par blochet).

car l'interpénétration est inférieure à 2 %. Par contre, dans le quatrième cas, noté *cas4_1234*, l'indicateur d'interpénétration dévie des valeurs obtenues par les autres simulations, augmente rapidement pour atteindre la maximum admissible à la fin de l'intervalle de temps. Autrement dit, $n_{DDM} = 100$ sur le sous-domaine 4 ne suffit pas à éviter une accumulation d'interpénétrations en cours de processus. Cependant, cette erreur ne se propage pas aux sous-domaines voisins au sein desquels l'interpénétration est bien maîtrisée comme illustré pour le sous-domaine sur la figure 10.3.

Du côté mécanique. L'évolution de la compacité des zones sous les blochets 3 et 4 est présentée sur les figures 10.5 et 10.6. Comme pour l'interpénétration, la simulation 4 (*cas4_1234*) fournit une compacité surestimée sous le blochet 4 où le nombre d'itérations est insuffisant. Mais cet indicateur est également perturbé sous le blochet 3 voisin où il est légèrement sous-estimé.

Le paramètre d'inertie est comparé sous les mêmes blochets sur les figures 10.7 et 10.8. Son évolution est légèrement perturbée dans la simulation *cas4_1234* sous le blochet 4 où l'état mécanique reste cependant quasi-statique durant le procédé. Par contre, sous le blochet 3, si l'évolution globale de cet indicateur est similaire pour toutes les simulations, il semble être surestimé par la simulation *cas4_1234* en fin de processus d'enfoncement.

Du côté temporel. Diminuer le nombre d'itérations dans la résolution des zones sous les blochets loin du chargement a permis des gains de temps. Le tableau 10.1 détaille les temps de calcul, ainsi que le nombre total d'itérations effectués selon les différents cas tests.

On constate que le temps de calcul est proportionnel au nombre total d'itérations effectué sur les sous-domaines. Par exemple, pour les cas de référence et 1, le rapport des nombres d'itérations

10.1. ADAPTATION DE LA CHARGE DE CALCUL PAR SOUS-DOMAINES

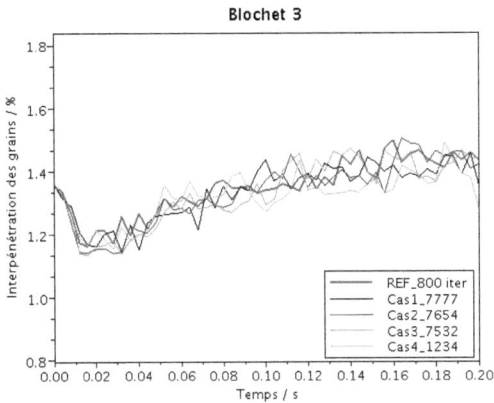

FIGURE 10.3 – Évolution de l'interpénétration des grains (pourcentage des erreurs en volume) sous le blochet 3 pour les 5 simulations.

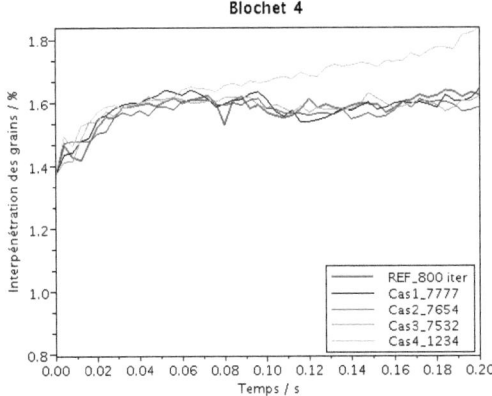

FIGURE 10.4 – Évolution de l'interpénétration des grains (pourcentage des erreurs en volume) sous le blochet 4 pour les 5 simulations.

CHAPITRE 10. TENTATIVES

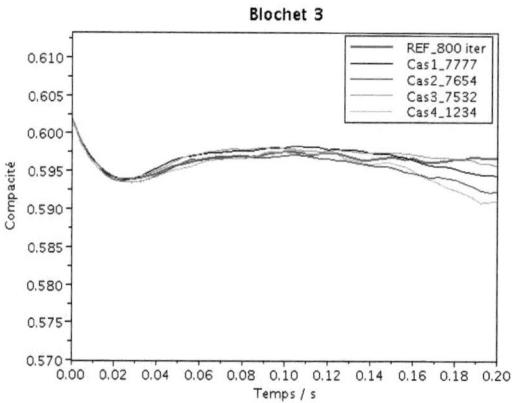

FIGURE 10.5 – Évolution de la compacité sous le blochet 3 pour les 5 simulations.

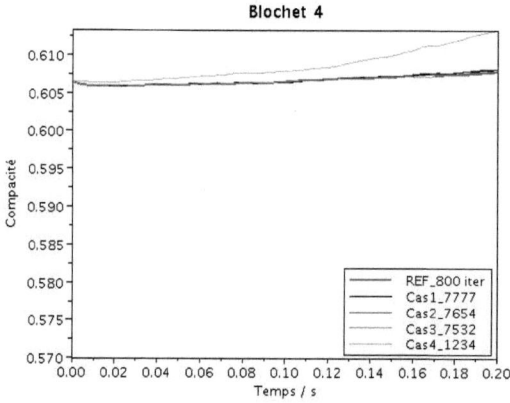

FIGURE 10.6 – Évolution de la compacité sous le blochet 4 pour les 5 simulations.

10.1. ADAPTATION DE LA CHARGE DE CALCUL PAR SOUS-DOMAINES

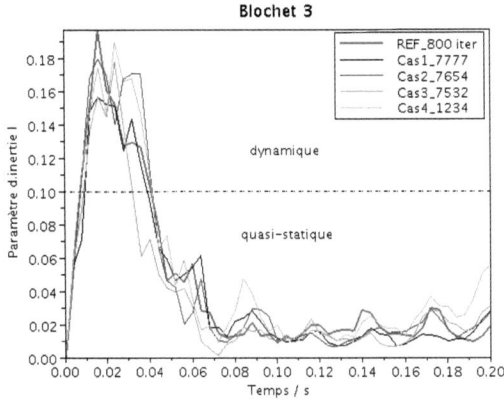

FIGURE 10.7 – Évolution du paramètre d'inertie sous le blochet 3 pour les 5 simulations.

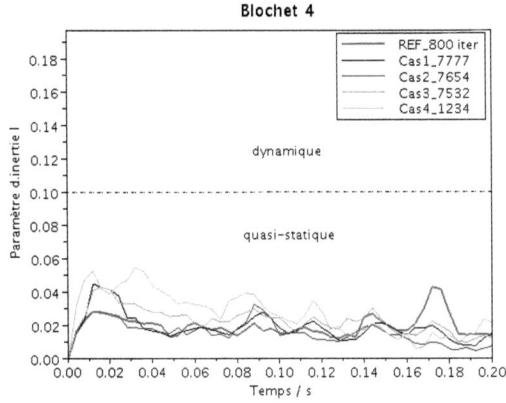

FIGURE 10.8 – Évolution du paramètre d'inertie sous le blochet 4 pour les 5 simulations.

CHAPITRE 10. TENTATIVES

Cas tests	Nombre d'itérations total aux sous-domaines	Temps de calcul (/h)
Cas de référence	5600	46
Cas 1	5200	42.51
Cas 2	4600	38.45
Cas 3	4100	35.22
Cas 4	3400	27.92

TABLE 10.1 – Temps de calcul pour les différents cas tests.

(5200/5600 = 93 %) est équivalent au rapport des temps de calcul (42.51/46 = 92 %) ; idem pour le cas 2 vis-à-vis de la référence : 4600/5600 = 82 % $\sim$ 38.45/46 = 83 %, ...

10.1.3 Bilan

L'étude paramétrique permet de dégager les conclusions principales suivantes.
- Les indicateurs évoluent de manière identique pour toutes les simulations, sauf pour le *cas4_1234* et le blochet 4 pour lequel le nombre d'itérations a été drastiquement diminué.
- Pour quelques indicateurs la perturbation occasionnée par un trop faible nombre d'itérations dans un sous-domaine se propage aux sous-domaines voisins.
- Il est donc tout à fait envisageable de diminuer le nombre d'itérations dans les sous-domaines faiblement sollicités, mais sans descendre à une trop faible valeur d'un sous-domaine à son voisin.
- La diminution du nombre d'itérations dans la résolution numérique donne aussi des gains de temps significatifs, mais limités à une exécution séquentielle.

En bref, dans le but de l'optimisation du temps de calcul, ce type de cas test a montré la possibilité de distribuer la charge de calcul dans les sous-domaines selon leur sollicitation. Néanmoins, quelques précautions sont nécessaires lorsque l'on fait varier le nombre d'itérations avec la position des zones étudiées. En effet, ce nombre d'itérations ne peut pas être réduit dans les sous-domaines faiblement sollicités mais proches de l'endroit où le chargement (ici, l'enfoncement des bourroirs) est appliqué.

10.2 Taille optimale du pas de temps

On aborde dans cette section le choix d'un paramètre numérique qui permet éventuellement la diminution du temps de calcul : la *taille du pas de temps*.

Dans la simulation granulaire des corps rigides, le choix du pas de temps s'avère très important. Un pas de temps *"petit"* assure évidemment une simulation propre et précise, cependant le temps de calcul peut être prohibitif.

Une question se pose *"Jusqu'où peut-on augmenter le pas de temps tout en maintenant la qualité des résultats ?"*. Le test réalisé ci-dessous permet de répondre à cette question et de nous donner une tendance pour améliorer le temps de calcul.

10.2. TAILLE OPTIMALE DU PAS DE TEMPS

10.2.1 Problème test "Bourrage1B1C"

Le test est réalisé sur l'échantillon représentatif d'une portion de la voie ferrée ballastée soumise à un cycle de bourrage, figure 8.6. Il comporte 17 000 grains, et à chaque pas de temps environ 46 000 contacts frottants sont résolus.

Les paramètres numériques sont identiques à ceux utilisés dans le test ferroviaire élémentaire de la section 8.2. Cependant, plusieurs tailles de pas de temps seront testés dans cette section, de $H = 2.10^{-4}$ s à $H = 8.10^{-4}$ s. Les nombres de pas de temps correspondant à ces tailles sont aussi différents pour atteindre la durée totale du processus simulé, $T = 1.8175\ s$.

Pas de temps ($/s$)	Nombre de pas de temps (pas)
2.10^{-4}	9088
3.10^{-4}	6059
4.10^{-4}	4544
5.10^{-4}	3635
6.10^{-4}	3030
7.10^{-4}	2597
8.10^{-4}	2272

TABLE 10.2 – Taille des pas de temps et nombre de pas correspondant.

Les résultats sont analysés selon deux aspects : le respect de la physique du modèle et le temps de calcul requis. Afin d'alléger l'écriture sur les graphiques, on utilise les notions 2D4, ..., 8D4 pour $H = 2.10^{-4}$, ..., $H = 8.10^{-4}$ s.

10.2.2 Analyse des résultats

Du côté mécanique. L'évolution de la compacité sous le blochet pour les différents pas de temps est représentée sur la figure 10.9. Les évolutions sont similaires pour toutes ces simulations, mais on observe une différence de $1.7\ \%$ entre $H = 2.10^{-4}\ s$ et $H = 8.10^{-4}\ s$ en fin de simulation. Afin de mieux comprendre le comportement obtenu par ces différents cas tests, on s'intéresse par la suite aux autres indicateurs physiques du problème.

Les figures 10.10, 10.11 montrent l'évolution de la vitesse moyenne et du paramètre d'inertie des grains sous le blochet. Un état très agité du ballast sous le blochet est observé pour le pas de temps $H = 2.10^{-4}\ s$ avec les valeurs de $V_{moyenne} = 0.054\ m/s$ et $I_{moyenne} = 6, 5.10^{-1}$. Alors que le pas de temps $H = 8.10^{-4}\ s$ représente un état quasi-statique avec $V_{moyenne} = 0.03\ m/s$ et $I_{moyenne} = 0, 6.10^{-1}$. A l'intermédiaire, la simulation due au pas de temps $H = 5.10^{-4}\ s$ donne $V_{moyenne} = 0.04\ m/s$ et $I_{moyenne} = 2.10^{-1}$ ce qui caractérise un état dynamique des grains.

Sur le graphique de la figure 10.12, le nombre de contacts simples augmente de manière sensible quand le pas de temps diminue. Ainsi quand le pas de temps diminue de $H = 8.10^{-4}\ s$ à $H = 2.10^{-4}\ s$, le nombre de contacts simples augmente de 1600 à 2400 soit de près de 50 %. Le

CHAPITRE 10. TENTATIVES

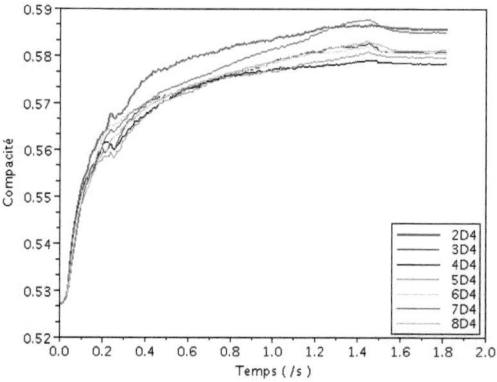

FIGURE 10.9 – Évolution de la compacité sous le blochet pour différents pas de temps

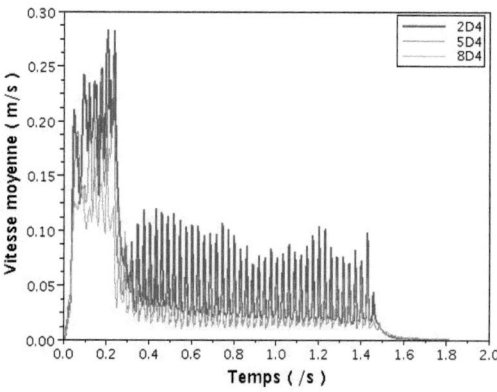

FIGURE 10.10 – Évolution de la vitesse moyenne des grains sous le blochet pour 3 simulations de pas de temps différents.

10.2. TAILLE OPTIMALE DU PAS DE TEMPS

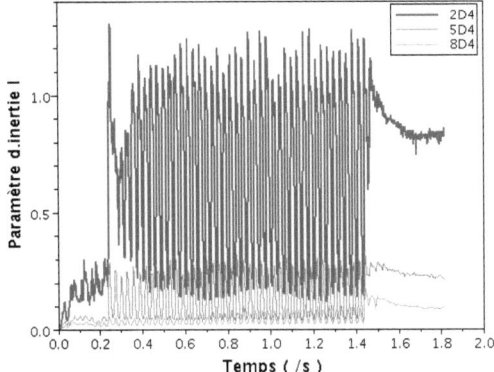

FIGURE 10.11 – Évolution du paramètre d'inertie I sous le blochet pour 3 simulations de pas de temps différents.

nombre important de ces contacts dans le cas où la taille de pas de temps est petite $H = 2.10^{-4}$ s est corrélé à l'état agité caractérisé ci-dessus par le paramètre d'inertie.

La connectivité des particules est décrite dans la figure 10.13 par le nombre de coordination représentant le nombre moyen de voisins par particule. Le nombre de coordination varie dans les deux cas autour d'une valeur moyenne qui est moins élevée pour $H = 2.10^{-4}$ s ($\simeq 3.05$) que pour $H = 8.10^{-4}$ s ($\simeq 3.81$). Il faut préciser cependant que des particules peuvent être voisines d'une autre sans pour autant transmettre des efforts. Ce type d'indicateur ne contribue pas à identifier l'état mécanique comme les contacts actifs, mais il peut être associé à d'autres indicateurs, par exemple l'interpénétration des grains.

Du côté numérique. La figure 10.14 indique l'évolution du pourcentage des erreurs en volume (interpénétration) en fonction du temps. On remarque que pour un pas de temps suffisamment petit, de l'ordre de $H = 2.10^{-4}$ s, l'évolution de l'interpénétration est stable et ses valeurs sont insignifiantes ($\simeq 0.002$ %). Celle-ci est multipliée par 80 entre les pas de temps $H = 2.10^{-4}$ s et $H = 8.10^{-4}$ s, même si ce niveau peut être encore considéré comme négligeable.

L'analyse précédente montre que l'on peut utiliser des pas de temps 4.10^{-4} s ou 5.10^{-4} s en conservant des résultats pertinents. On peut donc retenir ces valeurs pour un problème identique mais à grand nombre de cycles. L'aspect temporel présenté dans la suite est également intéressant à analyser dans ce type d'étude.

CHAPITRE 10. TENTATIVES

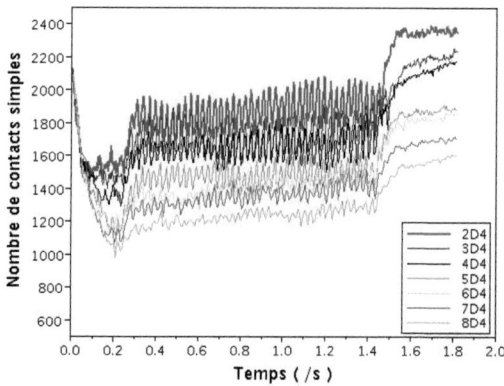

FIGURE 10.12 – Évolution du nombre de contacts simples sous le blochet pour 7 simulations de pas de temps différents.

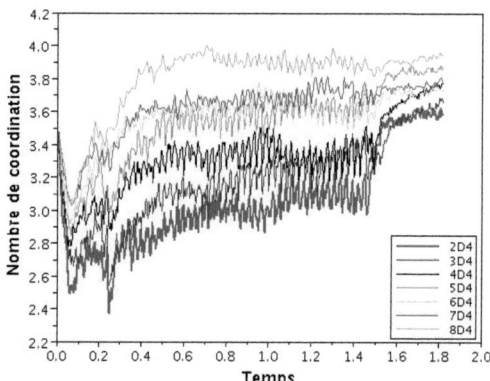

FIGURE 10.13 – Évolution du nombre de coordination sous le blochet pour 7 simulations de pas de temps différents.

10.2. TAILLE OPTIMALE DU PAS DE TEMPS

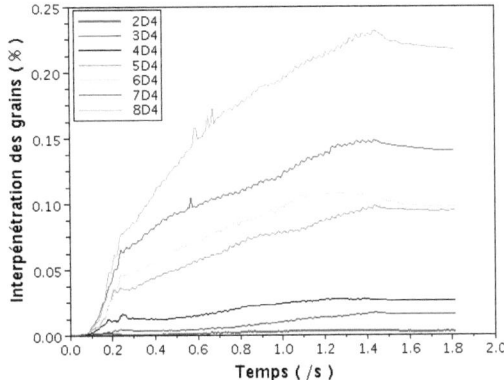

FIGURE 10.14 – Évolution de l'interpénétration des grains sous le blochet

Du côté temporel. Le temps total d'exécution est précisé dans le tableau 10.3 pour les tests avec différents pas de temps. On constate des gains conséquents pour les tailles les plus grandes.

CHAPITRE 10. TENTATIVES

Pas de temps $(/s)$	Temps passé $(/min)$
2.10^{-4}	1830
3.10^{-4}	1258
4.10^{-4}	977
5.10^{-4}	813
6.10^{-4}	709
7.10^{-4}	620
8.10^{-4}	555

TABLE 10.3 – Temps total du calcul traité parallèlement par 4 processus pour différents pas de temps.

10.3 Prédiction de l'interpénétration cumulée : formule Y

Une accumulation importante d'interpénétration de grains rigides en contact peut remettre en cause les indicateurs et grandeurs mécaniques analysés (notamment la compacité). Il est donc nécessaire de s'assurer que cette interpénétration est contrôlée par un choix judicieux de paramètres numériques.

Dans tous les cas tests réalisés précédemment, les arrêts des itérations étaient directement fixés par le choix d'un nombre d'itérations DDM (n_{DDM}) imposé, basé sur la proposition de M. Jean concernant le nombre minimal d'itérations NLGS nécessaires $n_{\text{NLGS}}^{\min}$ dans [17], en complément des expériences numériques que nous avons menées. Cependant, cela peut ne pas être suffisant pour les cas qui nous concernent, qui sont souvent des simulations de phénomènes dynamiques et cycliques où l'interpénétration des grains peut se cumuler fortement au cours du temps. En effet, dans la stratégie NSCD de résolution, une pénétration réalisée à un certain instant, ne peut pas être corrigée aux pas de temps suivants si le contact est maintenu (formulation du contact principalement en vitesse). Du point vue algorithmique, on peut observer sur les résultats obtenus que des paramètres numériques tels que le pas de temps, le nombre d'itérations DDM ($\sim n_{\text{NLGS}}$), le nombre de contacts, peuvent avoir un impact significatif sur l'accroissement de l'indicateur de pénétration au cours des pas de temps, autrement dit sur le *pourcentage des erreurs en volume*, qui est directement lié à la précision du calcul.

L'objectif de l'analyse qui suit est d'essayer de proposer un *estimateur* a priori de l'accumulation d'interpénétration, pour un problème typique de contact frottant entre polyèdres, ce qui permettra de guider le choix des paramètres algorithmiques nécessaires à la réalisation d'une erreur de pénétration contrôlée.

10.3.1 Tests numériques

L'erreur d'interpénétration, notée Y, est définie de la façon suivante : à chaque pas de temps, la pénétration (non vérification du contact) est calculée comme le volume interpénétré entre chaque couple de grains en contact, sommé sur l'ensemble des contacts, et finalement divisé par le volume total des grains. Dans l'estimation que nous allons proposer, cette erreur d'interpénétration est considérée comme étant une fonction des 4 paramètres suivants :
- le nombre d'itération DDM n_{DDM},
- le nombre de contacts localisés dans la zone étudiée de l'échantillon (ici, ce nombre de contacts n'est pas forcément identique au nombre total de contacts existant dans l'échantillon, suivant la zone d'intérêt étudiée), noté n_c,
- le nombre de pas de temps, noté n_t,
- la taille du pas de temps, notée H. Afin de normaliser cette dernière, on utilise dans la suite le paramètre adimensionné $\overline{H} = \frac{H}{\frac{d_{moy}}{V_{moy}}}$, où d_{moy} est le diamètre moyen des grains ($\simeq 0.04\ m$ pour l'exemple étudié), et V_{moy} est la vitesse moyenne des grains de la zone locale ; ce dernier paramètre doit par contre être estimé car il dépend de la dynamique du problème étudié.

CHAPITRE 10. TENTATIVES

On cherche donc à étudier la fonction :

$$Y = f(n_{\text{DDM}}, n_c, n_t, \overline{H})$$

Dans les différents cas tests, la valeur de Y est calculée à partir des incréments des interpénétrations. Conjointement à une analyse dimensionnelle, on envisage deux possibilités classiques pour la forme d'intervention des paramètres, à savoir une loi linéaire $y = a.x + b$ et une loi puissance $y = a.x^k$ équivalente à $\log(y) = k\log(x) + \log(a)$.

Les bases de données de tests numériques qui seront utilisées dans la suite sont obtenues par le post-traitement de 3 cas tests de natures différentes, chacun testé avec plusieurs jeux de paramètres numériques. Synthétiquement, les tests réalisés concernent :
- Les bases de données correspondant au symbole (+ : data1) viennent de l'étude paramétrique sur l'échantillon "Stabilisation", Figure 6.1, composé de 28 614 grains, dans un tronçon de voie ballastée avec un blochet soumis à l'action d'une stabilisation dynamique verticale. Les paramètres numériques sont : $n_t = 5000$ pas de temps de $H = 0.0002\ s$ chacun (pour un temps réel d'étude de 1 s), un nombre d'itération DDM n_{DDM} variant de 50 à 600 itérations. La zone sous le blochet post-traitée comprend environ $n_c = 15000$ contacts.
- Les bases de données correspondant au symbole (+ : data2) proviennent du cas test sur l'échantillon "Académique", Figure 8.1 section 8.1, composé de 2000 grains, soumis à l'action d'une force harmonique horizontale. Les paramètres numériques sont : $n_t = 5000$ pas de temps de $H = 0.0002\ s$ chacun (pour un temps réel d'étude de 1 s), un nombre d'itération DDM n_{DDM} variant de 50 à 1000 itérations. La zone post-traitée comprend environ $n_c = 9500$ contacts.
- Les bases de données correspondant au symbole (+ : data3) viennent du cas test sur l'échantillon "Bourrage1B1C", Figure 8.6, une portion de voie ballastée composée de 17 000 grains, soumise à l'action d'un cycle de bourrage. Les paramètres numériques sont : un nombre variable de pas de temps pour un même temps réel de 1.8175 s, voir le Tableau 10.2, et $n_{\text{DDM}} = 500$ itérations. La zone sous le blochet post-traitée comprend environ $n_c = 3500$ contacts.

10.3.2 Analyse des bases de données de résultats numériques

Les Figures 10.15 et 10.16 décrivent l'évolution de Y en fonction du nombre d'itérations DDM et du nombre de contacts.

Une estimation de la variation de Y en fonction du nombre d'itérations en n_{DDM}^{-2} s'accorde bien aux résultats obtenus par nos simulations numériques. Une estimation de la dépendance de Y à n_c, quant à elle, n'a pu être tracée que pour seulement trois données, et n'est donc pas très fiable. On s'attend néanmoins, pour une solution assez homogène sur milieu granulaire dense, à ce que l'accumulation de pénétration croisse avec le nombre de contacts résolus. Une estimation d'une dépendance linéaire entre Y et ce paramètre ($Y \sim n_c$) est donc raisonnable.

On se réfère ensuite à la Figure 10.17 où les données sont présentées sous la forme de la variation de Y en fonction du nombre de pas de temps. L'estimation linéaire $Y \sim \alpha.n_t$ est en

10.3. PRÉDICTION DE L'INTERPÉNÉTRATION CUMULÉE : FORMULE Y

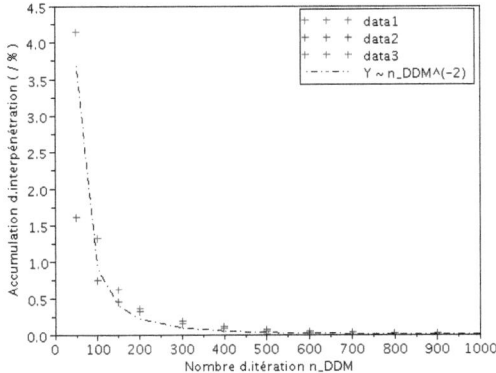

FIGURE 10.15 – Accumulation d'interpénétration Y en fonction du nombre d'itérations DDM n_{DDM}. Les données sont extraites des 3 tests pour les cas où $n_t = 5000$ et $H = 2.10^{-4}$ s.

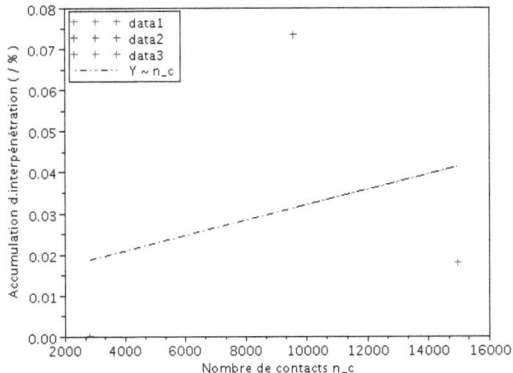

FIGURE 10.16 – Accumulation d'interpénétration Y en fonction du nombre de contacts n_c. Les données sont extraites des 3 tests pour les cas où $n_t = 5000$, $n_{\text{DDM}} = 500$ et $H = 2.10^{-4}$ s.

CHAPITRE 10. TENTATIVES

excellent accord avec l'ensemble des données, mais la pente α des courbes dépend du problème étudié. En effet, en faisant une analyse par régression linéaire, on obtient :
- $\alpha = 2$ pour le bourrage correspondant aux + : data3,
- $\alpha = 8$ pour la stabilisation dynamique correspondant aux + : data1,
- $\alpha = 15$ pour le serrage correspondant aux + : data2 (la force harmonique dans la simulation numérique représente l'effet de serrage du ballast dans la physique du phénomène).

Dans ce cas, il n'y aura donc pas de loi générale liant Y à n_t indépendamment du type de simulation réalisée. On va cependant se ramener à une dépendance de Y en un nombre minimal de combinaison de paramètres (ici 1), ce qui laissera des fonctions scalaires à estimer pour les différents cas physiques simulés. Ceci est une approche suffisante dans le cas d'une utilisation "métier" de l'outil de simulation ; en particulier lors des études d'optimisation des procédés, un grand nombre de simulations seront utilisées sur un type de problème physique assez bien déterminé. Dans ce cas, une seule identification de la fonction scalaire précédente sera nécessaire pour l'ensemble de l'optimisation du procédé.

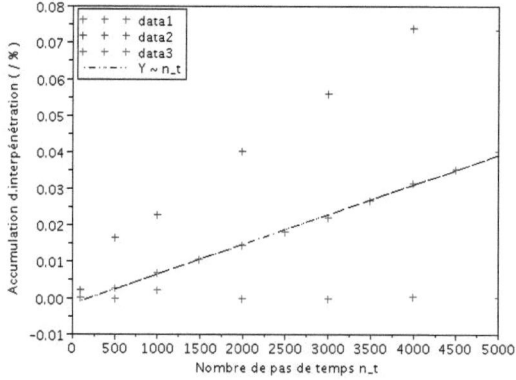

FIGURE 10.17 – Accumulation d'interpénétration Y en fonction du nombre de pas de temps n_t. Les données sont extraites des 3 tests pour les cas où $n_{\text{DDM}} = 500$ et $H = 2.10^{-4}$ s.

Une autre illustration de l'interdépendance entre Y et un jeu de paramètres numériques pour la discrétisation temporelle est représentée sur la Figure 10.18. On s'aperçoit que les valeurs logarithmiques $\log(Y)$ sont proportionnelles à $\log(\overline{H})$ suivant une pente de 10. En d'autre terme, $Y \sim \overline{H}^{10}$.

En général, il est alors possible de proposer une mise en forme de l'accumulation d'interpéné-

10.3. PRÉDICTION DE L'INTERPÉNÉTRATION CUMULÉE : FORMULE Y

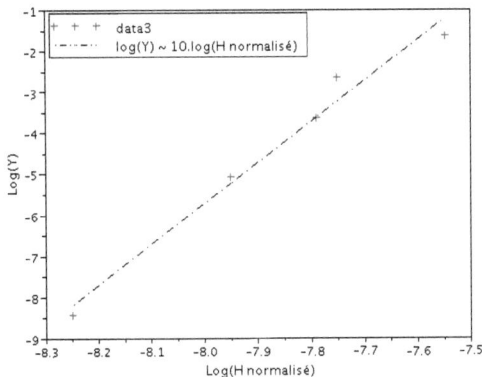

FIGURE 10.18 – Accumulation d'interpénétration Y en fonction de la taille de pas de temps normalisé $\overline{H}$. Les données issues du troisième sont utilisées pour $n_t = 1700$ (phase de serrage), $n_{\text{DDM}} = 500$, $V_{moy}^{\text{serrage}} = 0.053 m/s$ et pour $H = 2.10^{-4}$ s, $V_{moy}^{\text{serrage}} = 0.035 m/s$, $H = 5.10^{-4}$ s, voir Tableau 10.4.

CHAPITRE 10. TENTATIVES

tration Y en fonction d'une même combinaison des différents paramètres numériques :

$$Y = f(X) \quad \text{avec} \quad X = \frac{n_c \cdot n_t \cdot \overline{H}^{10}}{n_{\text{DDM}}^2} \tag{10.1}$$

En observant la Figure 10.19, on remarque que l'ensemble des points ne varie pas suivant une même courbe maîtresse car f dépend fortement du type de problème. Pour un type de problème donné, on peut alors identifier la fonction f.

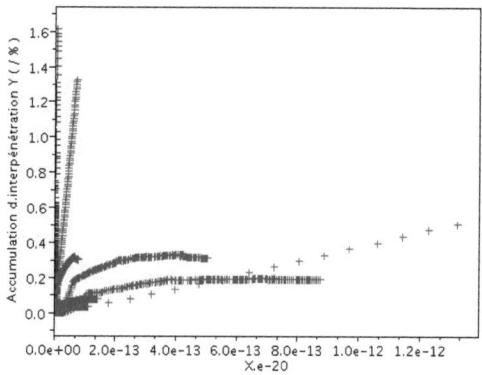

FIGURE 10.19 – Relation entre Y et X (produit des paramètres) : les valeurs symbolisées par + : data1, + : data2, + : data3 correspondent successivement aux tests sous l'action d'une stabilisation dynamique, d'une force serrage, d'un cycle complet de bourrage.

On peut cependant tenter de définir une courbe moyenne et une plage de variation de ces valeurs, voir Figure 10.20, obtenue par prise de moyenne des données précédentes. Une estimation encore plus grossière, mais plus simple, consiste ensuite à ne retenir que la régression linéaire associée, c'est-à-dire à exprimer la relation entre Y_{moy} et X_{moy} par la formule suivante :

$$Y_{moy} = 0,65.10^{32}.X_{moy} = 0,65.10^{32}.\frac{n_c \cdot n_t \cdot \overline{H}^{10}}{n_{\text{DDM}}^2} \tag{10.2}$$

avec un écart type $\sigma = 1.44$.

Sans aller jusqu'à une telle approximation, une version intermédiaire consiste à utiliser des fonctions f simples. Au vu des précédentes valeurs identifiées du paramètre α, une simple homothétie pourrait s'avérer suffisante. Deux facteurs peuvent alors être utilisés ;

10.3. PRÉDICTION DE L'INTERPÉNÉTRATION CUMULÉE : FORMULE Y

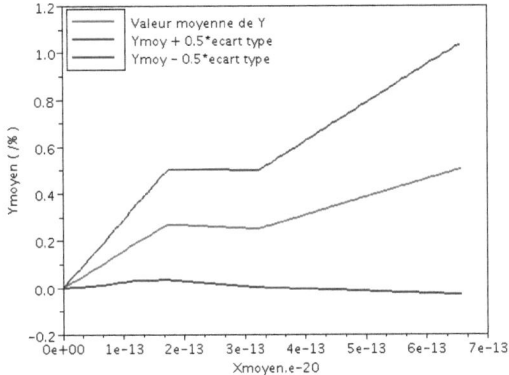

FIGURE 10.20 – Valeurs moyennes Y_{moy} en fonction de valeurs moyennes X_{moy}.

- Premièrement, la pente α proposée dans la relation de (Y, n_t) peut devenir le premier préfacteur. En effet, on peut ajouter dans la formule 10.2 le coefficient multiplicateur α précédent (bourrage : $\alpha = 2$, stabilisation : $\alpha = 8$, serrage $\alpha = 15$) ;
- Deuxièmement, une amélioration supplémentaire s'est avérée assez efficace pour l'estimation de la vitesse moyenne des grains V_{moy} servant à normaliser le pas de temps H : cette vitesse pouvant dépendre aussi du pas de temps sélectionné pour produire une solution, à cause de la multiplicité des solutions locales, voir tableau 10.4, on peut l'estimer a posteriori sur un premier calcul réalisé avec des paramètres numériques fixés. Par exemple, si on utilise les valeurs données dans le tableau 10.4, la prédiction de l'erreur Y pour les 3 cas testés est reportée sur les figures 10.21, 10.22 et 10.23, et comparée avec l'erreur vraie calculée.

Taille de pas de temps (/ s)	$V_{moy}^{reference}$ (m/s)
$2 * 10^{-4}$	0.053
$3 * 10^{-4}$	0.047
$4 * 10^{-4}$	0.042
$5 * 10^{-4}$	0.035
$6 * 10^{-4}$	0.03
$7 * 10^{-4}$	0.027
$8 * 10^{-4}$	0.025

TABLE 10.4 – La vitesse moyenne des grains pour le cas de référence.

CHAPITRE 10. TENTATIVES

Pour les cas présentés, la prédiction de l'évolution de l'erreur est donc pertinente au vu des résultats numériques.

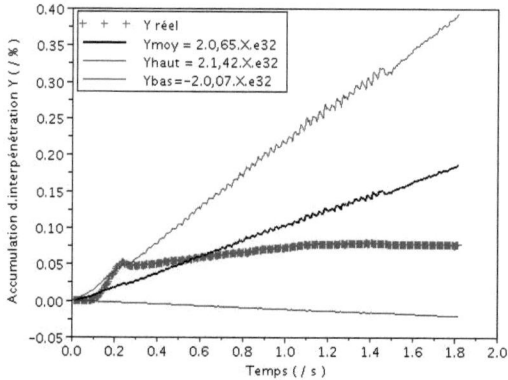

FIGURE 10.21 – Évolution de l'interpénétration Y prédite et calculée, pour le cas de bourrage avec un pas de temps $H = 5.10^{-4}$, et un coefficient $\alpha = 2$.

10.3.3 Bilan

En résumé, on a analysé dans cette partie l'impact des paramètres numériques sur le *pourcentage des erreurs en volume*, ou *interpénétration volumique*. Les estimations de l'évolution de cette erreur (10.3) permettent de prédire la valeur cumulée moyenne de cet indicateur à la fin de la simulation.

La qualité du calcul peut être assurée par avance si on allie cette méthode de prédiction avec l'idée proposée dans [17] : $n_{NLGS}^{min} = \sqrt{n_c^{global}}$ où n_c^{global} : nombre total de contact de l'échantillon, n_{NLGS}^{min} : nombre minimal d'itérations NLGS nécessaire. n_{NLGS}^{min} étant considéré comme équivalente au nombre d'itérations DDM n_{DDM} dans notre algorithme, on obtient donc :

$$Y = \alpha.0,65.10^{32}.\frac{n_c \cdot n_t \cdot \overline{H}^{10}}{n_{DDM}^2} \qquad (10.3)$$

où, $\alpha_{global1}^{bourrage} = 2$; $\alpha_{global1}^{stabilisation} = 8$; $\alpha_{global1}^{serrage} = 15$; $\overline{H} = \frac{H}{\frac{d_{moy}}{V_{moy}^{reference}}}$; $V_{moy}^{reference}$ indiquée dans le Tableau 10.4 dépendant de la taille de pas de temps choisie.

10.3. PRÉDICTION DE L'INTERPÉNÉTRATION CUMULÉE : FORMULE Y

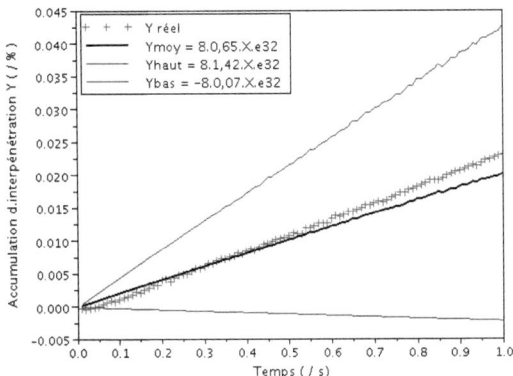

FIGURE 10.22 – Évolution de l'interpénétration Y prédite et calculée, pour le cas de stabilisation avec un pas de temps $H = 2.10^{-4}$, $n_{\text{DDM}} = 600$, $\alpha = 8$.

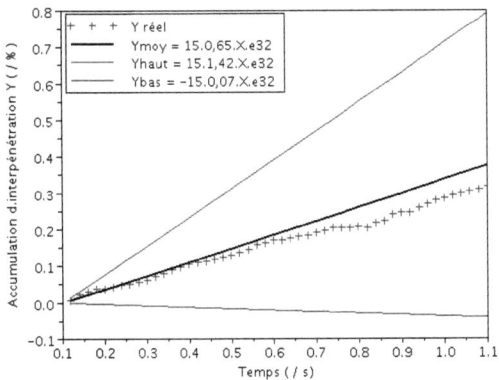

FIGURE 10.23 – Évolution de l'interpénétration Y prédite et calculée, pour le cas de serrage avec un pas de temps $H = 2.10^{-4}$, $n_{\text{DDM}} = 200$, $\alpha = 15$.

CHAPITRE 10. TENTATIVES

La limite de la démarche simplifiée peut cependant être mise en évidence sur d'autres exemples, en particulier vis-à-vis de la dépendance au type de problème traité. Pour l'illustrer, considérons un quatrième test constitué de 7 blochets soumis à un cycle de bourrage avec un pas de temps $H = 2.10^{-4}\ s$, $n_{\text{DDM}} = 740$, $n_t = 8820$ et $n_c = 4000$, $\alpha = 2$. La figure 10.24 reporte la comparaison entre l'erreur estimée et l'erreur vraie. Les évolutions sont assez différentes, bien que l'ordre de grandeur de la valeur finale soit assez bien respecté.

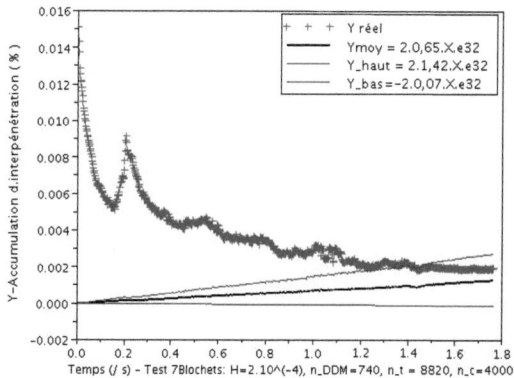

FIGURE 10.24 – Évolution de l'interpénétration Y prédite et calculée, pour un cas test de 7 blochets soumis à un cycle de bourrage avec un pas de temps $H = 2.10^{-4}\ s$, $n_{\text{DDM}} = 740$, $n_t = 8820$ et $n_c = 4000$, $\alpha = 2$.

10.4 Algorithme asynchrone

Dans l'algorithme proposé, le traitement séquentiel de l'interface globale a pour objectif de synchroniser des informations dues aux sous-domaines. L'utilisation d'un tel algorithme synchrone permet de retrouver exactement les mêmes résultats, indépendamment du nombre de processeurs utilisés, pour une même décomposition en sous-domaines. Du point vue du parallélisme, la synchronisation globale entre les processeurs entraîne des temps d'attente de ceux-ci et diminue l'efficacité parallèle de l'algorithme. Le traitement de l'interface globale à part a aussi pour effet de séquentialiser en partie l'algorithme, et donc de réduire aussi ses performances parallèles. Ceci est d'autant plus marqué quand on souhaite utiliser un nombre important de processeurs, et donc un nombre important de sous-domaines.

Les algorithmes parallèles asynchrones permettent d'envisager de minimiser les pertes de

10.4. ALGORITHME ASYNCHRONE

temps dû à une telle synchronisation. En général, ce sont des algorithmes itératifs pour lesquels les composantes du vecteur itéré sont réactualisées en parallèle, dans un ordre arbitraire et donc sans synchronisation. Pour des simulations fortement dynamiques, de telles méthodes ne sont pas forcément les plus appropriées, et les propriétés de convergence sont de façon générale plus délicates à établir.

Dans l'étude proposée ici, la version asynchrone de l'algorithme précédent sera mise en application et comparée avec la version synchrone en terme d'efficacité numérique et de qualité de la solution mécanique.

10.4.1 Principe et algorithme asynchrone

La figure 10.25 et l'Algorithme 3 présentent le principe de calcul utilisant la technique OpenMP implantée sous forme *asynchrone*. Dans ce cas, l'interface globale est traitée au même titre que les sous-domaines et du point de vue algorithmique n'a plus de spécificité particulière.

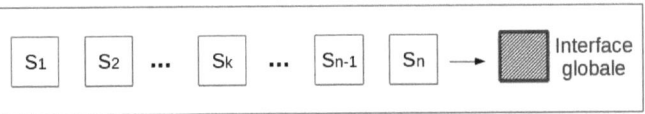

FIGURE 10.25 – Procédé de résolution dans la boucle DDM : traiter en parallèle les sous-domaines et l'interface globale.

Selon [82, 21], la mise en œuvre de ce type d'algorithme peut soulever deux problèmes :
– le premier est lié à la permutation de l'ordre des contacts résolus gérée par des processeurs. Cela peut conduire à l'obtention d'une autre solution appartenant à l'espace des solutions admissibles. L'ordre de traitement des contacts dépendant de la charge des processeurs, la solution peut alors être différente aussi lors de deux runs successifs du solveur sur le même problème. Comparer deux solutions apparaît alors comme délicat. Toutefois, on peut s'attendre à ce que le comportement global soit similaire lors de telles simulations ;
– le deuxième concerne l'implémentation ELG de la méthode. Les échanges entre les niveaux local et global effectués après résolution peuvent entraîner un conflit lié au fait que deux processeurs vont aller simultanément dans la même zone mémoire partagée. Ce problème peut intervenir lors de l'actualisation des torseurs des efforts appliqués à chaque particule. Une particule possède souvent plusieurs contacts (l'un sur un sous-domaine, l'autre sur l'interface globale). Si deux contacts impliquant une même particule, gérés par deux processeurs différents doivent actualiser simultanément le torseur des efforts sur la particule commune aux deux contacts, l'une des deux valeurs ne sera pas prise en compte.

Dans l'étude qui suit, on compare l'efficacité des algorithmes (en comparant les temps de calcul) et aussi la qualité de la solution (en comparant l'évolution des différentes grandeurs macroscopiques caractérisant le milieu).

CHAPITRE 10. TENTATIVES

Algorithm 3 DDM-NLGS-OpenMP-asynchrone, En bleu : parties ajoutées
⋆ READ DATAS
Boucle sur les pas de temps
for $i = 1, 2, \ldots$ **do**
  ⋆ Calcul de la prédiction du gap et détection des contacts potentiels
  Partitionnement du domaine (**outil de DDM**)
  Boucle sur les itérations DDM
  for $j = 1, 2, \ldots n_{\text{DDM}}$ **do**
    Boucle en parallèle sur les sous-domaines E et l'interface globale Γ
    !$OMP PARALLEL PRIVATE(...) ...
    !$OMP DO ...
    for $E = 1, 2, \ldots n_{SD}$ & Γ **do**
      ⋆ Résolution NLGS ($n = 1$) pour E, Γ
    end for
    !$OMP END DO
    !$OMP END PARALLEL
  end for
  ...
end for

10.4.2 Cadre d'étude "Bourrage1B1C"

Un même échantillon représentatif d'une portion de voie composée d'un blochet, soumis à un cycle de bourrage, voir Fig. 8.6, section 8.2, est simulé avec trois versions algorithmiques différentes :

- **Version 1 - Référence - sans DDM, sans OpenMp** : on parcourt tous les contacts sans localisation des données, et sans renumérotation des contacts issus d'une décomposition de domaine,
- **Version 2 - Algorithme synchrone - DDM, avec OpenMp** : le traitement de l'interface globale est séquentiel, Algorithme 2,
- **Version 3 - Algorithme asynchrone - DDM, avec OpenMp** : l'interface globale est traitée en parallèle avec les sous-domaines, Algorithme 3.

Les paramètres numériques sont aussi identiques à ceux utilisés dans le test ferroviaire élémentaire "Bourrage1B1C" de la section 8.2, sauf pour la taille du pas de temps et le nombre de sous-domaines, plus précisément :

- l'intervalle de temps $[0, T]$ avec $T = 1.8175$ s est discrétisé en 2272 pas de temps de $H = 8.10^{-4}$ s chacun,
- $n_{SD} = 2 = 2 \times 1 \times 1$ sous-domaines selon les directions x,y et z sont utilisés, ainsi qu'une interface globale. La taille moyenne des sous-domaines et l'interface globale est évaluée avec le nombre de contacts locaux : 19 800 et 22 800 contacts pour les deux sous-domaines et 3000 contacts pour l'interface globale,

10.4. ALGORITHME ASYNCHRONE

- 500 itérations DDM ($n_{DDM} = 500$) sont demandées,
- 1 itération NLGS ($n_{NLGS} = n = m = 1$) est imposée.

Les simulations ont été réalisées sur un PC 8 Go Dual-Core utilisant 4 processeurs au maximum.

10.4.3 Résultats

Du côté physique : on discute d'abord du comportement du milieu, représenté par des grandeurs mécaniques telles que la compacité et le paramètre d'inertie I. La figure 10.26 souligne le fait que les solutions obtenues par les trois implémentations ont une même tendance, mais diffèrent légèrement au fur et à mesure de la simulation. Parmi ces trois solutions, l'implémentation avec l'algorithme asynchrone surestime légèrement la compacité du milieu, l'écart maximal avec les deux autres simulations étant d'environ 1.7 %. Cependant, la figure 10.27 montre quant à elle que l'évolution du paramètre d'inertie I sur 2272 intervalles de temps est assez similaire pour les trois simulations. Cela signifie donc que quelque soit la version d'algorithme utilisée, les échantillons semblent avoir globalement un même état dynamique. Les différents écarts peuvent être négligés.

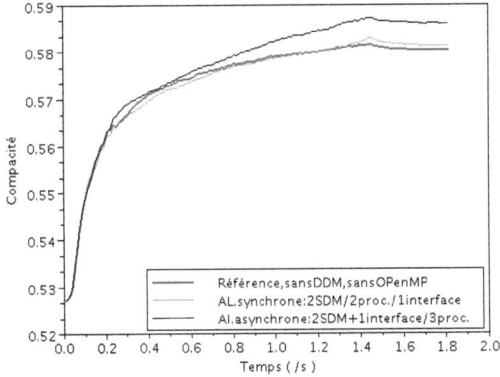

FIGURE 10.26 – Évolution de la compacité sous le blochet pour les 3 simulations associées aux 3 versions d'implantation.

Du côté numérique : la solution obtenue par l'algorithme asynchrone s'avère admissible lorsqu'elle satisfait une faible erreur d'interpénétration, voir Figure 10.28. En effet, le pourcentage des erreurs en volume dû à l'algorithme asynchrone est similaire voire inférieur à celui calculé par l'algorithme synchrone.

CHAPITRE 10. TENTATIVES

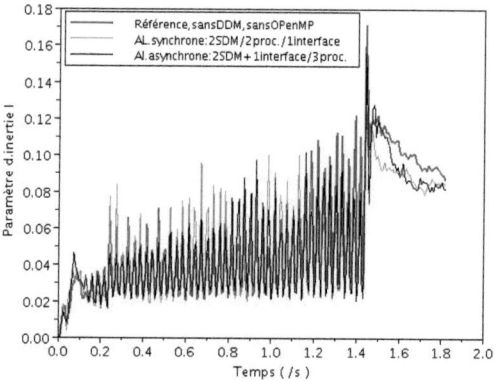

FIGURE 10.27 – Évolution du paramètre d'inertie I sous le blochet pour les 3 simulations associées aux 3 versions d'implantation.

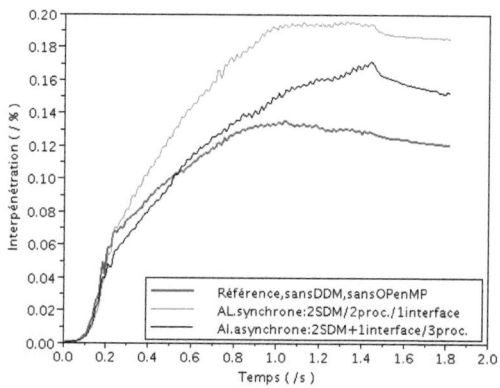

FIGURE 10.28 – Évolution de l'interpénétration des grains pour les 3 simulations.

10.4. ALGORITHME ASYNCHRONE

Du côté efficacité : les temps de simulations sont donnés dans le tableau 10.5. En observant le tableau 10.5 et la figure 10.29, on constate que la simulation avec l'algorithme synchrone est un peu moins rapide que celle effectuée avec l'algorithme asynchrone. Ceci est donc visible même sur un petit nombre de processeurs. La performance totale de la résolution parallèle reste cependant faible (efficacité = 1.71/3) car la taille du problème est assez petite.

TABLE 10.5 – Temps de simulation donnés par les 3 versions d'implantation

	Temps de calcul / min		
	Version 1 Référence	Version 2 Al.synchrone	Version 3 Al.asynchrone
Nombre de processeurs	1P	2P	3P
Temps total	923	621	607
Détection	193	175	172
Résolution NLGS	708	424 $= 383(/2SDM) + 41(/\Gamma)$	414
Autres parties (prédiction, actualisation,...)	22	22	21

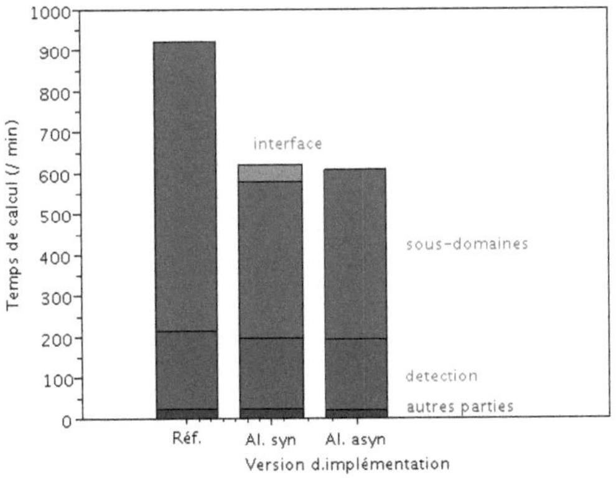

FIGURE 10.29 – Temps passé sur les différentes parties du code pour les 3 versions d'implantation.

10.4.4 Bilan

En assurant une bonne solution mécanique du problème, l'algorithme DDM asynchrone a montré la possibilité de réduire le temps de calcul vis-à-vis de la version synchrone même si l'efficacité parallèle est petite pour le cas test traité. On s'attend à ce que le comportement parallèle s'améliore lorsqu'on augmente le nombre de sous-domaines en même temps que la taille du problème.

10.5   100 % parallèle ?

Dans ce chapitre, on a présenté un ensemble de stratégies pour diminuer au maximum le temps de calcul tout en donnant des résultats macroscopiques concordants en comparaison des simulations séquentielles. En effet, obtenir un résultat acceptable en peu de temps pour pouvoir analyser les données obtenues, et pour pouvoir optimiser les paramètres métiers du procédé simulé s'avère un grand avantage. La parallélisation de la résolution numérique alliée à ces stratégies de calcul maîtrisant les approximations faites permettra de réduire une part importante du temps de calcul. Néanmoins, pour tirer parti d'un plus grand nombre de processeurs pour des modèles de plus grande taille, il ne faudra plus se limiter à la seule parallélisation de la seule phase de résolution. La phase suivante à paralléliser sera celle de détection des contacts qui devient alors critique : le traitement séquentiel de cette phase prenant environ 20 % du temps de calcul en séquentiel peut rapidement atteindre plus de 60 % du temps suivant le nombre de processeurs utilisés (Figure 10.30).

Dans le cadre de cette thèse, le parallélisme de la phase de détection ne sera pas abordé. Cependant, deux des stratégies de calcul proposées dans ce chapitre sont en cours d'essai pour effectuer une simulation de plus grande taille.

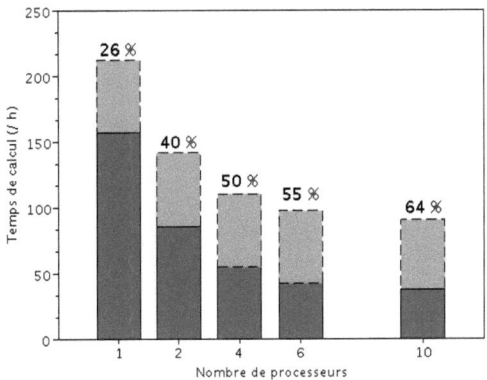

FIGURE 10.30 – Augmentation du pourcentage de temps écoulé dans la partie séquentielle lors d'un calcul parallèle, pour le cas de l'échantillon de 7 blochets soumis à l'action d'un cycle de bourrage.

Conclusions et Perspectives

CONCLUSIONS ET PERSPECTIVES

Le travail présenté dans ce mémoire de thèse, s'inscrit dans le cadre de la simulation numérique des milieux granulaires appliquée au comportement du ballast ferroviaire. L'outil numérique performant est valorisé à la fin de ce travail car il permet de réduire le temps de calcul dans l'étude du système ballasté de grande taille et sur un temps de sollicitation dynamique long. Cet outil est développé sur la base numérique de l'approche Non Smooth Contact Dynamics (NSCD) pour les méthodes Éléments Discrets, implémentée sur la plate-forme logicielle LMGC90. Dans le but d'améliorer le temps de calcul, apparaissant comme l'un des principaux handicaps dans les simulations numériques de ce grand problème granulaire, on a couplé deux stratégies d'optimisation numérique : la méthode de Décomposition de domaine et la technique de calcul parallèle en mémoire partagée utilisant OpenMP. Pour ce faire, le domaine étudié doit être décomposé géométriquement en plusieurs sous-domaines traités simultanément par plusieurs processeurs ou coeurs de calcul.

En pratique, pour résoudre ce système multi-contacts frottant, on a opté pour un processus itératif dont l'algorithme est de type Non Linéaire Gauss-Seidel (NLGS). En effet, pour un pas de temps, au lieu de réaliser séquentiellement et plusieurs fois une passe du solveur NLGS sur l'ensemble total de contacts, on traite en même temps plusieurs passages du solveur sur plusieurs groupes de contacts formés par le découpage géométrique du système. Ces groupes de contacts sont pour la plupart, distribués dans les sous-domaines, et ce qui est localisé entre sous-domaines voisins est dit appartenir à l'interface globale. Afin de synchroniser les informations lors d'un processus, on parcourt une fois les contacts communs dus à l'interface globale ($m_{\text{NLGS}} = 1$) juste après une résolution NLGS des contacts d'un sous-domaine pour chaque passage ($n_{\text{NLGS}} = 1$). Lorsqu'un balayage est terminé, on passe au suivant dans une boucle sur les sous-domaines (de nombre d'itérations n_{DDM}). Du point vue numérique, un grand nombre d'itérations n_{DDM} assure la qualité des solutions.

Afin d'évaluer la qualité des solutions, plusieurs paramètres mécaniques et également numériques ont été identifiés. De ce fait, différentes études paramétriques sont réalisées permettant d'une part de déterminer le comportement global d'un milieu ballasté, pour un type de simulation donné, d'autre part, de comparer les résultats obtenus par la méthode de calcul classique et la méthode développée. On a commencé par appliquer la méthode de Décomposition de domaine à un modèle de voie sous l'action reproduite virtuellement d'une stabilisation dynamique. En analysant l'évolution des paramètres caractéristiques, cette étude préliminaire a montré que changer l'ordre de traitement des contacts engendré par le découpage en sous-domaines ne modifie pas le comportement mécanique global de nos échantillons.

L'exploitation d'OpenMP dans la résolution des contacts est vérifiée en mettant en place des cas tests aussi bien séquentiels que parallèles. Dans un premier temps, les résultats, satisfaisants sur un cas académique, ont révélé une efficacité parallèle intéressante pour diminuer le temps de calcul par rapport à la résolution séquentielle. Avec ce cas test, les points pénalisant la performance parallèle sont aussi montrés, tels que : le déséquilibre des charges entre sous-domaines, le traitement séquentiel de plusieurs parties du code (interface globale, détection, ...).

Des améliorations ont été apportées dans le cadre de la simulation de l'échantillon représentatif d'une portion de voie composée d'un blochet, soumise à un cycle complet de bourrage. Pour ce cas

CONCLUSIONS ET PERSPECTIVES

élémentaire industriel, quatre sous-domaines de taille équivalente gérés simultanément sur quatre processeurs ont permis une réduction de 40 % du temps de calcul. Outre le gain de temps, un bon comportement mécanique de l'échantillon est aussi obtenu en garantissant la précision de calcul en numérique. Néanmoins, l'exploitation limitée par OpenMP des cœurs des processeurs dans la simulation d'échantillon de taille conséquente comme celui-ci a aussi réduit la performance parallèle.

Le cas d'une grande application, le bourrage monocycle sur une partie de voie de 7 blochets, mettant en jeu un nombre important de grains sur de longs procédés de maintenance, a été ensuite étudié. Ce cas test a pour objectif de souligner l'efficacité de deux stratégies proposées, ainsi que la performance de l'outil numérique dans l'étude du comportement mécanique de gros systèmes ferroviaires sous chargements industriels, sur un environnement multiprocesseur de plus grande puissance. Dans le cadre de cette étude, on a pu enrichir les informations sur les mouvements du ballast, l'influence d'un bourrage sur ses voisins (re-compactage, desserrage) en mesurant et analysant des indicateurs difficiles à obtenir expérimentalement. L'outil développé semble efficace. Il permet en effet de réaliser le calcul parallélisé sur 12 processeurs en $\sim$ 4 jours au lieu de $\sim$ 9 jours pour le calcul séquentiel. Malgré un gain significatif de temps ($\sim$ 5 jours), le comportement du point de vue parallèle n'atteint que 20 % d'efficacité ce qui reste encore faible, nous incitant à poursuivre les recherches.

Quelques tentatives numériques ont été entreprises dans le dernier chapitre du mémoire pour optimiser le gain en temps et également améliorer la performance parallèle. Les résultats obtenus en terme de temps de calcul sont très encourageants, tout en retrouvant un comportement global cohérent.

Grâce aux développements numériques faits ici, les temps de calcul sont significativement réduits et ne s'avèrent plus un handicap insurmontable dans la simulation des problèmes de grande taille et de chargement cyclique comme ceux rencontrés dans le milieu ballasté ferroviaire.

Les perspectives de cette thèse concernent deux points principaux :
– Du côté numérique, les simulations numériques développées dans ce travail nécessitent quelques améliorations pour atteindre une meilleure performance parallèle et également un gain de temps plus important. Trois voies principales à investir : la première est l'optimisation du découpage géométrique pour avoir une taille équivalente entre sous-domaines et minimiser la taille de l'interface globale, la deuxième est dédiée à la façon de programmation concernant le choix du nombre d'itérations NLGS et DDM pour la partie de résolution des contacts des sous-domaines, la troisième consiste en parallélisation des autres parties du code, en particulier la détection des contacts.
– Du côté ferroviaire, on dispose d'un outil d'investigation permettant d'aborder pour une durée de temps de simulation raisonnable les mécanismes physiques mis en jeu dans un modèle de voie ballastée au cours des opérations de maintenance. Il pourrait être utile non seulement aux projets des axes de recherche de la SNCF, mais aussi éventuellement aux autres projets industriels dédiés à l'étude de gros échantillons discrétisés par Eléments Discrets. En appliquant des améliorations numériques exposées dans le chapitre 10 du mémoire, une simulation d'un cycle de bourrage sur une portion de voie avec un groupe de 16 bourroirs

sera mise en place, Figure A.4 - ANNEXE A. On espère donc avoir bientôt les premiers résultats à présenter.

ANNEXE

Annexe A

Préparation de l'échantillon

La préparation d'échantillon est réalisée dans ce cadre de cette thèse en faisant référence aux travaux de la thèse d'Azéma [8], aux différents documents bibliographiques et aux discussions menées avec l'équipe interne SNCF et avec l'équipe SMC (Système Multi-Contact, LMGC à Montpellier). Ce travail est mis en place à l'aide du logiciel LMGC90.

L'élaboration d'un échantillon représentatif d'une portion de voie se fait en trois étapes principales.

Premier étape : Dépôt des grains sous gravité. D'abord, on dépose de manière géométrique sous gravité des grains dans une boite définie par 4 plans au tour et un plan au sol, Figure A.1. La taille de la boite et le nombre de particules ainsi que leur taille changent comme souhaité. Les polyèdres utilisés sont issus d'une bibliothèque de 996 grains de ballast digitalisés.

Deuxième étape : Insertion de chaque blochet dans le milieu granulaire à hauteur désirée (épaisseur de ballast sous le blochet de l'ordre de 30 cm sur LGV. Une fois l'échantillon stabilisé, Figure A.2, on creuse à la surface un trou de la taille d'un blochet. Le blochet est positionné par exemple au centre de l'échantillon pour celui composé d'un blochet, respectant une hauteur de ballast de 0.3 m entre la sous-couche et la partie inférieure du blochet. Les huits bourroirs sont positionnés à une distance de 0.15 m du blochet et à une hauteur de 0.005 m de la surface du lit de ballast. Les dimensions du bourroir sont définis sur la Figure 1.14. D'après, on peut éventuellement enlever les grains d'un côté de la boite pour avoir une rampe.

Troisième étape : Relaxation du système. Le calcul de dépôt est alors relancé afin de mettre en équilibre l'échantillon de nouvelle configuration. Cette méthode de préparation nous permet d'obtenir une configuration géométrique identique à la réalité du terrain, mais elle ne permet pas de contrôler l'état de compacité du matériau sous et autour du blochet.

La géométrie de l'échantillon est représentée sur la Figure A.3, A.4.

ANNEXE A. PRÉPARATION DE L'ÉCHANTILLON

FIGURE A.1 – Dépôt des grains sous gravité.

FIGURE A.2 – Echantillon stabilisé.

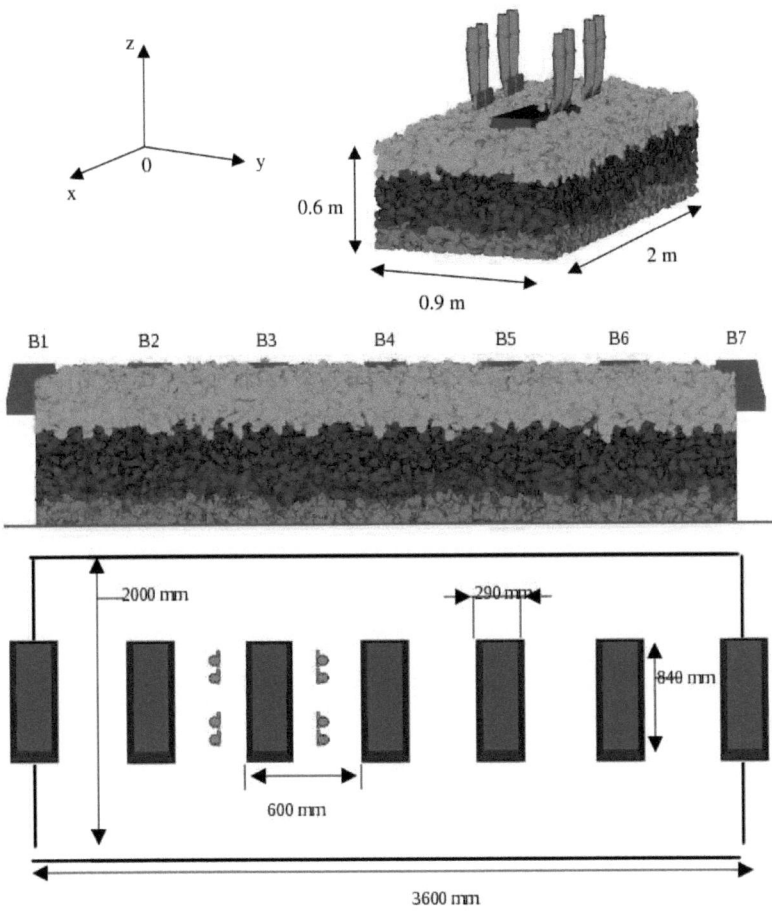

FIGURE A.3 – Dimension de l'échantillon d'un blochet et de 7 blochets déposé avec la mise en place d'un groupe de 8 bourroirs.

ANNEXE A. PRÉPARATION DE L'ÉCHANTILLON

FIGURE A.4 – Géométrie de l'échantillon composé de 7 monotraverses avec la mise en place d'un groupe de 16 bourroirs.

Annexe B

Bourrage successif

Sachant que le bourrage est une opération de maintenance qui a pour objectif de remettre "à niveau" la voie en compactant le ballast sous les traverses, Fig. B.1. Combiner éventuellement avec le régalage et meulage, il permet de corriger les défauts géométriques de voie.

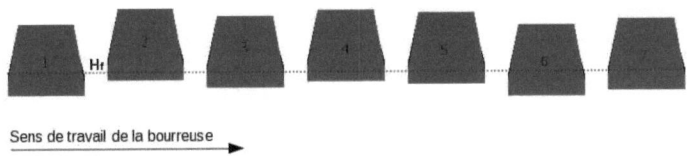

FIGURE B.1 – Profil de tassement (les blochets sont à différents niveaux).

Par exemple, pour la Figure B.2, le blochet B2 est le "point haut". La hauteur de relevage choisie est H_r. Au fur et à mesure du bourrage, chaque blochet est mis à niveau par rapport à B2, avec une hauteur variable $H_{niv\_blochet}$. Le processus de bourrage peut commencer sur le blochet B1 : il est donc relevé d'une hauteur $H_f = H_r + H_{niv\_blochet}^{B1}$.

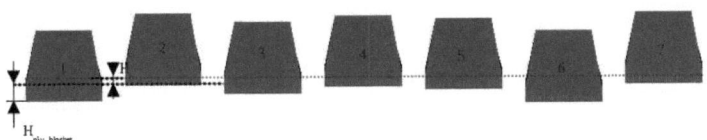

FIGURE B.2 – Niveau final désiré à remettre tous les blochets : $H_f = H_r + H_{niv\_blochet}^{B_k}$.

Annexe C

Plate-forme LMGC90 et Développements numériques

LMGC90, **L**ogiciel de **M**écanique **G**érant le **C**ontact en Fortran**90**, est une plate-forme conçue, développée par M. Jean, F. Dubois et leur équipe du Laboratoire de Mécanique et Génie Civil (Université de Montpellier 2). Etant écrit en Fortran90, cette architecture est dédiée à la résolution des systèmes multi-corps en interaction.

ANNEXE C. PLATE-FORME LMGC90 ET DÉVELOPPEMENTS NUMÉRIQUES

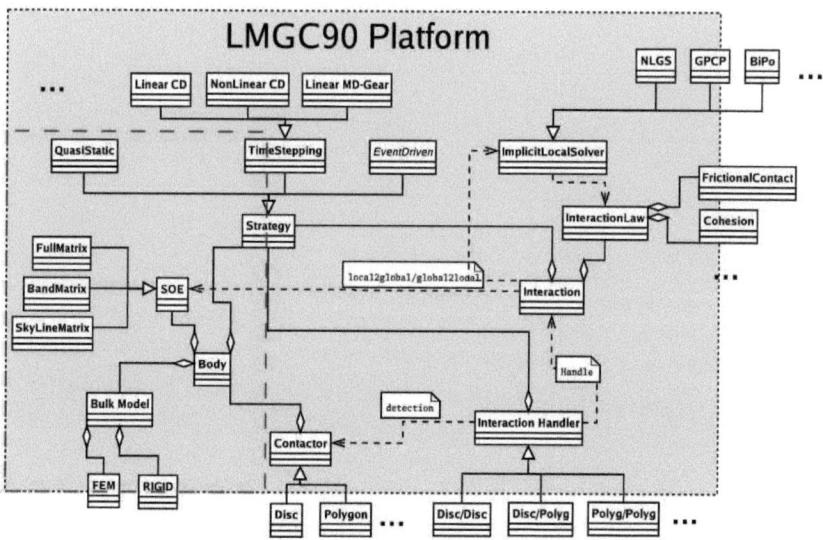

FIGURE C.1 – Diagramme global de la plate-forme LMGC90.

L'architecture globale de la plate-forme est représentée dans la Figure C.1. D'un point de vue pratique, l'outil propose un modèle global pour modéliser et résoudre le problème, avec plusieurs fonctions que les utilisateurs peuvent apdapter pour leurs propres applications. En principe, il faut définir les ingrédients du modèle, tels que le comportement volumique des corps du système, le type d'interactions entre les corps, ... et la stratégie numérique pour simuler l'évolution du système, [32],[34], [36], [66], [35], (http ://www.lmgc.univ-montp2.fr/ dubois/LMGC90).

En général, LMGC90 s'appuie sur des classes principales comme suit :
- Corps (Body) : cette classe virtuelle résume le modèle dynamique du système. Du côté mécanique, il concerne le comportement volumique des corps (Bulk Model : rigide, déformable, ...). Du côté algébrique, il décrit le système grâce à un système d'équations (SOE).
- Contacteurs (Contactor) : cette classe virtuelle, quant à elle, contient le modèle des zones géométriques susceptibles d'entrer en contact. Un contacteur utilisé pour un corps rigide repose sur son unique élément "point" (centre d'inertie). Il peut ainsi être : sphère, cylindre (creux ou plein), polyèdre dans un cadre tridimensionnel ; ou bien disque (creux ou plein), polygone dans un cadre bidimensionnel.
- Interactions (Interaction Handler) : gère les créations des interactions en analysant la liste des contacteurs et utilisant les algorithmes de détection, Figure C.2. Cet étape consiste en détection (grosse/fine) des interactions, stockage, ...

– Résolution (Contacts solvers) : aborde les calculs des interactions. Différents solveurs de contacts, tels que : NLGS, GPCP, ... sont utilisés pour résoudre le problème d'interaction.
Les Figures C.3, C.4 représentent les étapes fondamentales ainsi que les développements numériques réalisés dans le cadre de cette thèse pour une simulation d'un problème granulaire dans la plate-forme LMGC90.

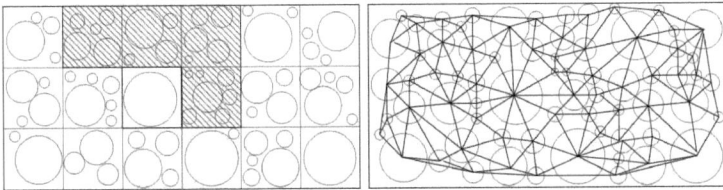

FIGURE C.2 – Algorithme de détection des contacts : méthodes des boîtes (gauche) et triangulation de Delaunay (droite), [82].

ANNEXE C. PLATE-FORME LMGC90 ET DÉVELOPPEMENTS NUMÉRIQUES

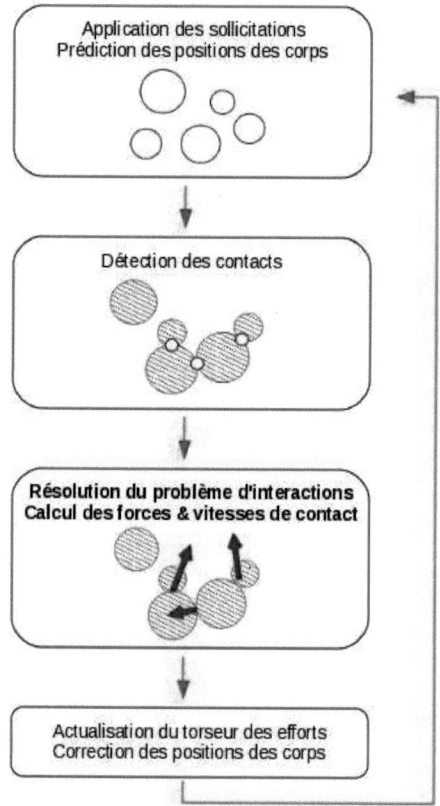

FIGURE C.3 – Schéma représentant les quatres étapes principales pour résoudre un problème multicorps en interaction de la plate-forme LMGC90, [82], [89].

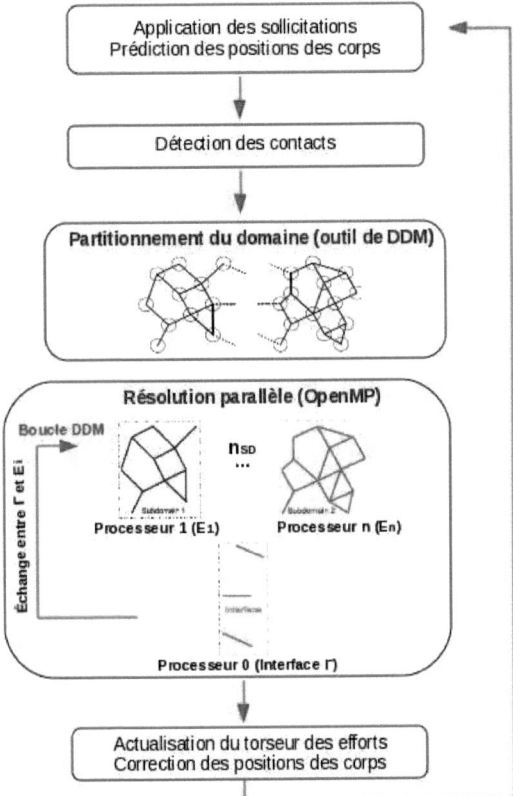

FIGURE C.4 – Développements numérique : partitionnement du domaine et résolution parallèle des contacts des sous-domaines E_i utilisant OpenMP, mis en place dans la troisième étape de la plate-forme LMGC90.

Bibliographie

[1] *Quarterly Report of RTTI*, volume 52. Raiway Technical Research Institute, Tokyo, Japan, Aug 2011.

[2] P. Alart. Critères d'injectivité et de surjectivité pour certaines applications de $\mathbb{R}^n$ dans lui-même ; application à la mécanique du contact. In *RAIRO - Modélisation mathématique et analyse numérique*, volume 1, pages 203–222. Numdam, 1993.

[3] P. Alart. Contact on multiprocessor environment : from multicontact problems to multiscale approaches. In Peter Wriggers, Tod A. Laursen, Giulio Maier, Franz G. Rammerstorfer, and Jean Salençon, editors, *Computational Contact Mechanics*, volume 498 of *CISM Courses and Lectures*, pages 163–217. Springer Vienna, 2007.

[4] P. Alart, M. Barboteu, P. Le Tallec, and M. Vidrascu. Additive Schwarz method for non-symmetric problems : application to frictional multicontact problems. In *Thirteenth International Conference on Domain Decomposition Methods DD13*, pages 3–13, 2001.

[5] P. Alart and D. Dureisseix. A scalable multiscale LATIN method adapted to nonsmooth discrete media. *Computer Methods in Applied Mechanics and Engineering*, 197(5) :319–331, 2008.

[6] P. Alart, D. Dureisseix, T. M. P. Hoang, and G. Saussine. Domain decomposition methods for granular dynamics using discrete elements and application to railway ballast. In *7th Meeting on Unilateral Problems in Structural Analysis*, Palmanova, Italy, June 17-19 2010.

[7] P. Alart, D. Dureisseix, and M. Renouf. Using nonsmooth analysis for numerical simulation of contact mechanics. In *Nonsmooth Mechanics and Analysis : Theoretical and Numerical Advances*, volume 12 of *Advances in Mechanics and Mathematics*, chapter 17, pages 195–207. Kluwer Academic Press, 2005.

[8] E. Azéma. *Etude numérique des matériaux granulaires à grains polyédriques : rhéologie quasi-statique, dynamique vibratoire, application au procédé de bourrage du ballast*. Thèse de doctorat, Université Montpellier 2, 2007.

[9] M. Babic, H.H. Shen, and H.T. Shen. The stress tensor in granular shear flows of uniform, deformable disks at high solids concentrations. *J. Fluid Mech*, pages 81–219, 1990.

[10] Pierre-Eric Bernard. *Parallélisation et multiprogrammation pour une application irrégulière de dynamique moléculaire opérationnelle*. Thèse de doctorat, Institut national Polytechnique de Grenoble, 29 Octobre 1997.

BIBLIOGRAPHIE

[11] Françoise Berthoud. *OpenMP*. LPMMC - Méso-centre CIMENT Grenoble, Décembre 2008.

[12] P. E. Bjorstad and O. B. Widlund. Iterative methods for the solution of eliptic problems on regions partitionned into substructures. In *SIAM Journal on Numerical Analysis*, pages 23 : 1097–1120, 1986.

[13] O. Boiteau. Décomposition de domaine et parallélisme : la méthode feti. In *Parallélisme et Décomposition de domaines*, Code Aster, 15.02 2011.

[14] A. Bounaim. *Méthode de décomposition de domaine : Application à la résolution de problèmes de contrôle optimam*. Thèse de doctorat, Université Joseph Fourier - Grenoble 1, juin 1999.

[15] J. H. Bramble, J. E. Pasciak, and A. H. Schatz. The construction of preconditioners for elliptic problems by substructuring, I. *Mathematics of Computation*, 47(175) :103–134, 1986.

[16] P. Breitkopf and M. Jean. Modélisation parallèle des matériaux granulaires. In *Actes du 4e Colloque National en Calcul des Structures*, pages 387–392, Giens, May 1999. CSMA.

[17] B. Cambou and M. Jean. *Micromécanique des matériaux granulaires*. Traité MIM – Mécanique et ingénierie des matériaux. Hermes Science Europe Ltd, 2001.

[18] L. Champaney, J.-Y. Cognard, D. Dureisseix, and P. Ladevèze. Large scale applications on parallel computers of a mixed domain decomposition method. *Computational Mechanics*, 19(4) :253–263, 1997.

[19] L. Champaney and D. Dureisseix. A mixed domain decomposition approach. In F. Magoulès, editor, *Mesh Partitioning Techniques and Domain Decomposition Methods*, chapter 12, pages 293–320. Civil-Comp Press / Saxe-Coburg Publications, 2007.

[20] A.S. Charao. *Multiprogrammation parallèle générique des méthodes de décomposition de domaine*. Thèse de doctorat, Institut national Polytechnique de Grenoble, Septembre 2001.

[21] Ming Chau. *Algorithmes Parallèles asynchrones pour la simulation numérique*. Thèse de doctorat, Institut national Polytechnique de Toulouse, 3 Novembre 2005.

[22] Jalel Chergui, Isabelle Dupays, Denis Girou, Stéphane Requena, and Philippe Wautelet. *Message Passing Interface MPI*. CNRS - IDRIS Institut du Développement et des ressources en informatique scientifique, Mars 2009.

[23] David Colignon. *Introduction to Parallel Programming in OpenMP*. CECI - Consortium des Equipements de Calcul Intensif, June 2009.

[24] L. Colombet. *Parallélisation d'applications pour des réseaux de processeurs homogènes ou hétérogènes*. Thèse de doctorat, Institut national Polytechnique de Grenoble, 30 Mars 1992.

[25] Gaël Combe. *Origines géométriques du comportement quasi-statique des assemblages granulaires denses : étude par simulations numériques*. Thèse de doctorat, ENPC, Juin 2001.

BIBLIOGRAPHIE

[26] F. Da Cruz. *Ecoulement de grains secs : Frottement et blocage*. Thèse de doctorat, ENPC, Février 2004.

[27] P. Cundall. A computer model for simulating progressive large scale movements of blocky rock systems. In *Proceedings of the Symposium of the International Society of Rock Mechanics*, Vol. 1, 132-150, 1971.

[28] P. A. Cundall and O. D. L. Stack. A discrete numerical model for granular assemblies. *Geotechnique*, 29(1) :47–65, 1979.

[29] P. A. Cundall and O. D. L. Strack. Modeling of microscopic mechanisms in granular materials. In J. T. Jenkins and M. Satake, editors, *Mechanics of Granular Materials : New Models and Constitutive Relations*, pages 137–149, Amsterdam, 1983. Elsevier.

[30] P.A. Cundall. Distinct element models of rock and soil structure. In Brown E.T., editor, *Analytical and computational methods in engineering rocks mechanics*. Allen and Unwin, 1987.

[31] RFF-Réseau Ferré de France. *Rapport d'activité et de développement durable 2010*, Janvier 2011.

[32] F. Dubois. *Architecture de la plateforme LMGC90*, Novembre 2007.

[33] F. Dubois and M. Jean. Lmgc90 une plateforme de développement dédiée a la modélisation des problèmes d'interaction. In *6eme colloque national en calcul des structures*, Giens (Var), 2003.

[34] F. Dubois, M. Jean, M. Renouf, R. Mozul, A. Martin, and M. Bagnéris. Lmgc90. In *10e Colloque National en Calcul des Structures – CSMA 2011*, Giens, France, Mai 2011.

[35] F. Dubois and M. Renouf. Numerical strategies and software architecture dedicated to the modelling of dynamical systems in interaction. Application to multibody dynamics. In *Multibody 2007*, Milano, Italy, june 2007. ECCOMAS Thematic Conference.

[36] F. Dubois and M. Renouf. *Méthode par élément discrets pour la modélisation des milieux divisés*, Janvier 2008.

[37] D. Dureisseix. *Une approche multi-échelle pour des calculs de structures sur Oridinateurs à Architecture Parallèle*. Thèse de doctorat, ENS Cachan, Janvier 1997.

[38] D. Dureisseix. *Vers des stratégies de calcul performantes pour les problèmes multiphysiques et le passage par le multiéchelle*. Mémoire d'habilitation à diriger les recherches, Université Paris 6, 2001.

[39] D. Dureisseix. Two examples of partitioning approaches for multiscale and multiphysics coupled problems. *European Journal of Computational Mechanics*, 17(5-7) :807–818, 2008.

[40] D. Dureisseix, P. Alart, and S. Nineb. Une méthode de décomposition de domaine multiéchelle pour les structures discrètes en mécanique non régulière. In *Congrès SMAI 2007*, Praz sur Arly, juin 2007. symposium Décomposition de domaines en mécanique des structures.

[41] D. Dureisseix and C. Farhat. A numerically scalable domain decomposition method for the solution of frictionless contact problems. *International Journal for Numerical Methods in Engineering*, 50(12) :2643–2666, 2001.

[42] D. Dureisseix and P. Ladevèze. A 2-level and mixed domain decomposition approach for structural analysis. *Contemporary Mathematics*, 218 :238–245, 1998.

[43] G. Duvaut and J. L. Lions. *Les Inéquations en Mécanique et en Physique*. Dunod, 1972.

[44] C. Farhat, M. Lesoinne, P. Le Tallec, K. Pierson, and D. Rixen. FETI-DP : A dual-primal unified FETI method – Part I : A faster alternative to the two-level FETI method. *International Journal for Numerical Methods in Engineering*, 50(7) :1523–1544, 2001.

[45] C. Farhat and F.-X. Roux. Implicit parallel processing in structural mechanics. In J. T. Oden, editor, *Computational Mechanics Advances*, volume 2. North-Holland, 1994.

[46] M. Gander and C. Japhet. *Méthode de décomposition de domaine et Applications*, March 2006.

[47] GDR-MiDi. On dense granular flows. *Eur. Phys. J. E*, 14 :341–365, 2004.

[48] C. W. Gear. *Numerical Initial Value Problems in Ordinary Differential Equation*. Prentice-Hall, 1971.

[49] Etienne Gondet and Pierre-François Lavallée. *Cours OpenMP*. CNRS - IDRIS Institut du Développement et des ressources en informatique scientifique, Septembre 2000.

[50] W. D. Gropp, E. Lusk, and A. Skjellum. *Using MPI : Portable Parallel Programming with the Message-Passing Interface*. MIT Press, 1994. http ://www-unix.mcs.anl.gov/mpi/.

[51] D.S. Henty. Performance of hybrid message-passing and shared-memory parallelism for discrete element modeling. May 2000.

[52] H. Huang. *Discrete Element Modelling of Railroad Ballast using imaging based aggregate mprphology characterization*. Thèse de doctorat, University of Illinois at Urbana-Champaign, Septembre 2010.

[53] T. J. R. Hughes. *The Finite Element Method, Linear Static and Dynamic Finite Element Analysis*. Prentice-Hall, Englewood Cliffs, 1987.

[54] D. Iceta. *Simulation numérique de la dynamique des systèmes discrets par décomposition de domaine et application aux milieux granulaires*. Thèse de doctorat, Université Montpellier 2, juillet 2010.

[55] Buddhima Indraratna, Li-Jun Su, and Cholachat Rujikiatkamjorn. A new parameter for classification and evaluation of railway ballast fouling. In *Geotechnical Testing Journal*, volume 48, pages 322–326. NRC Research Press, 2011.

[56] Makoto Ishida, Akira Namura, and Takahiro Suzuki. Track settlement measurements and dynamic prediction model based on settlement laws. 2002.

[57] M. Jean. The non-smooth contact dynamics method. *Computer Methods in Applied Mechanics and Engineering*, 177 :235–257, 1999.

BIBLIOGRAPHIE

[58] Ali Karrech. *Comportement des matériaux granulaires sous vibration : Application au cas du ballast*. Thèse de doctorat, ENPC.

[59] J. Laminie. *Introduction aux méthode de décomposition de domaine*, December 2008.

[60] P. Le Tallec. Domain decomposition methods in computational mechanics. In *Computational Mechanics Advances*, volume 1. North-Holland, 1994.

[61] P. Le Tallec and M. Vidrascu. Méthode de décomposition de domaines en calcul de structures. In *Premier Colloque National en Calcul des Structures*, volume I, pages 33–49, 1993.

[62] P. L. Lions. On the schwarz alternating method iii : A variant for nonoverlapping subdomains. In *1rst Conference on Domain Decomposition Methods*, pages 1–42, 1988.

[63] S. Lobo-Guerrero and L. E. Vallejo. Discrete element methode analysis of railtrack ballast degradation during cyclic loading. University of Pittsburgh, USA, March 2006.

[64] M. Lu and G. R. McDowell. Discrete element modelling of ballast abrasion. In *Géotechnique 57, No. 5, 479-480*, American Geotechnical and Environmental Services, Inc., Canonsburg, March 2007.

[65] J. Mandel. Balancing domain decomposition. *Communications on Applied Numerical Methods*, 9 :233–241, 1993.

[66] A. Martin, M. Bagnéris, F. Dubois, and R. Mozul. Conception d'un outil adapté à la mise en données des systèmes discrets. In *10e Colloque National en Calcul des Structures – CSMA 2011*, Giens, France, Mai 2011.

[67] Carolina Meier-Hirmer. *Optimisation de la maintenance de la géométrie de la voie*. Infra - SNCF, 30 Avril 2009.

[68] Kent Milfeld. *Introduction to Programming with OpenMP*. TACC, the University of Texas at Austin, November 2003.

[69] J. J. Moreau. Numerical aspects of sweeping process. *Computer Methods in Applied Mechanics and Engineering*, 177 :329–349, 1999.

[70] J. J. Moreau. Contact et frottement en dynamique des systèmes de corps rigides. *Rev. Eur. Elem. Finis*, pages 9–28, 2000.

[71] J. J. Moreau. Modélisation et simulation de matériaux granulaires. In *35e Congrès National d'Analyse Numérique*, Montpellier, France, juin 2003.

[72] J.J. Moreau. Indetermination in the numerical simulation of granular systems. In *Powders and Grains 2005*, volume 1, pages 109–112. Balkema, 2005.

[73] Didier Müller. *Techniques informatiques efficaces pour la simulation de milieux granulaires par des méthodes d'éléments distincts*. Thèse de doctorat, Ecole Polytechnique Fédérale de Lausanne EPFL, Juillet 1996.

[74] Hiroshi Nakashima. A serial domain decomposition method for discrete element method - simulation of soil-wheel interactions. November 2008.

[75] O. Néel. Modélisation du procédé de stabilisation dynamique et de son influence sur le comportement du ballast. stage SNCF, Avril 2010.

BIBLIOGRAPHIE

[76] S. Nineb, P. Alart, and D. Dureisseix. Domain decomposition approach for nonsmooth discrete problems, example of a tensegrity structure. *Computers and Structures*, 85(9) :499–511, 2007.

[77] X. Oviedo-Marlot. *Etude du comportement du ballast par un modèle micromécanique. Application aux opépartions de maintenance de la voie ferrée ballastée*. Thèse de doctorat, ENPC, Mai 2001.

[78] C. Paderno. *Comportement du ballast sous l'action du bourrage et du trafic ferroviaire*. Thèse de doctorat, Ecole Polytechnique Fédérale de Lausanne EPFL, juin 2010.

[79] R. Perales, G. Saussine, N. Milesi, and F. Radjai. Tamping process optimization. In *EUROMECH*, Lisbonne, Portugal, 2009.

[80] E. Perchat. *Mini-Elément et factorisations incomplètes pour la parallélisation d'un solveur de Stokes 2D. Application au forgeage*. Thèse de doctorat, ENS Mines de Paris, 11 Juillet 2000.

[81] F. Radjaï and F. Dubois. *Modélisation numérique discrète des matériaux granulaires*. Mécanique et ingénierie des matériaux. Hermes Science Europe Ltd, 2010.

[82] M. Renouf. *Optimisation numérique et calcul parallele pour l'étude des milieux divisés bi- et tridimensionnels*. Thèse de doctorat, Université Montpellier 2, septembre 2004.

[83] M. Renouf, P. Alart, and F. Dubois. *Non Smooth Contact Dynamics : applications aux milieux granulaires*. Montpellier, France.

[84] Infra SNCF RFF. *Rhône-Alpes Renouvellement du réseau, Fiche d'identité, Remise à neuf des voies*, 2008.

[85] Noureddine Rhayma. *Contribution à l'évolution des méthodologies de caractérisation et d'amélioration des voies ferrées*. Thèse de doctorat, Université Blaise Pascal - Clermont II, Juillet 2010.

[86] L. Ricci. *Modélisation discrètes et continues de la voie ferrée ballastée*. Thèse de doctorat, LCPC-ENPC-SNCF, 17 Décembre 2006.

[87] R. Rivier. Audit sur l'état des infrastructures du réseau ferré national français. In *Assemblée annuelle EFTRC European Federation of Railway Trackworks Contractors*, 16 juin 2006.

[88] Yoshihiko Sato. Japanese studies on deterioration of ballasted track. 1995.

[89] G. Saussine. *Contribution à la modélisation de granulats tridimensionnels : Application au ballast*. Thèse de doctorat, Université Montpellier 2, octobre 2004.

[90] G. Saussine, V. Gaillot, V. Alves-Fernandes, and R. Perales. Ballast3D user guide. document interne SNCF, Juillet 2008.

[91] H. A. Schwarz. Ueber einen grenzubergang durch alternirendes verfahren. In *Gesamelete Mathematische Abhandlungen*, 1890.

[92] Benoît Semelin. *Programmation parallèle pour le calcul scientifique*, 2010.

[93] Ali AL Shaer. *Analyse des déformations permanentes des voies ferrées ballastées - Approche dynamique*. Thèse de doctorat, ENPC.

[94] Zahra Shojaaee, M. Reza Shaebani, Lothar Brendel, Janos Torok, and Dietrich E. Wolf. An adaptive hierarchical domain decomposition method for parallel contact dynamics simulations of granular materials. *Computational Physics*, April 2011.

[95] Infra SNCF. *Carte d'identité et Chiffres clés 2010*, Janvier 2011.

[96] B. Solomon. *Railway maintenance*. MBI Publishing Company, USA, 2001.

[97] Li-Jun Su, Cholachat Rujikiatkamjorn, and Buddhima Indraratna. An evaluation of fouled ballast in a laboratory - model track using ground penetrating radar. In *Geotechnical Testing Journal*, volume 33, 2010.

[98] Nicolas Taberlet. *Ecoulement gravitaires de matériaux granulaires modèles*. Thèse de doctorat, Université de Rennes 1, 23 juin 2005.

[99] J.J. Thomas. Voie ballastée : Quelques résultats et pistes de recherche. In *Les plénières du LCPC - Sciences et techniques du Génie Civil*, Innovation and Recherche - SNCF, février 2009.

[100] P.A. Thompson and G.S. Grest. Granular flow : Friction and the dilatancy transition. *Phys. Rev. Lett.*, pages 67–1751, 1991.

[101] V.N. Trinh. *Comportement hydromécanique des matériaux constitutifs de plate-formes ferroviaires anciennes*. Thèse de doctorat, Université Paris-Est, janvier 2011.

[102] E. Tutumluer, H. Huang, Y. Hashash, and J. Ghaboussi. Aggregate shape effects on ballast tamping and railroad track lateral stability. In *AREMA Conference*, University of Illinois, Urbana, September 2006.

[103] Peter Veit. *Sustainability in Track - a Precondition for Reduced LCC*. University of Technology, Graz, Austria.

Oui, je veux morebooks!

I want morebooks!

Buy your books fast and straightforward online - at one of the world's fastest growing online book stores! Environmentally sound due to Print-on-Demand technologies.

Buy your books online at
www.get-morebooks.com

Achetez vos livres en ligne, vite et bien, sur l'une des librairies en ligne les plus performantes au monde!
En protégeant nos ressources et notre environnement grâce à l'impression à la demande.

La librairie en ligne pour acheter plus vite
www.morebooks.fr

OmniScriptum Marketing DEU GmbH
Heinrich-Böcking-Str. 6-8
D - 66121 Saarbrücken

Telefax: +49 681 93 81 567-9

info@omniscriptum.de
www.omniscriptum.de

Printed by Books on Demand GmbH, Norderstedt / Germany